DIBIAOSHUI YIWEI TEZHENG
YOUJI WUZHI JIANCE JISHU

地表水异味特征有机物质监测技术

张胜军　刘劲松　等编著

U0318911

化学工业出版社

·北京·

本书共分 5 章，分别介绍了水中特征异嗅敏感物质的研究、地表水中特征性有机污染物分析方法研究进展，地表水异味物质监测布点与采样，地表水特征异味物质鉴别方法，地表水其他特征异味物质分析，典型流域地表水异味物质鉴别。书后还附有地表水异味有机物监测调查技术导则，便于读者查阅。

本书具有较强的针对性和实用性，可供从事水体质量监测、分析等工作的工程技术人员、科研人员和管理人员参考，也可供高等学校环境工程、市政工程及相关专业师生参阅。

图书在版编目（CIP）数据

地表水异味特征有机物质监测技术/张胜军等编著.
—北京：化学工业出版社，2018.9
ISBN 978-7-122-32584-6

Ⅰ.①地⋯　Ⅱ.①张⋯　Ⅲ.①地面水-水质监测
Ⅳ.①X832

中国版本图书馆 CIP 数据核字（2018）第 154684 号

责任编辑：刘兴春　刘　婧　　　　　　装帧设计：刘丽华
责任校对：王　静

出版发行：化学工业出版社（北京市东城区青年湖南街 13 号　邮政编码 100011）
印　　刷：北京京华铭诚工贸有限公司
装　　订：三河市骏发装订厂
720mm×1000mm　1/16　印张 13¼　字数 217 千字　2019 年 1 月北京第 1 版第 1 次印刷

购书咨询：010-64518888　售后服务：010-64518899
网　　址：http://www.cip.com.cn
凡购买本书，如有缺损质量问题，本社销售中心负责调换。

定　　价：78.00 元　　　　　　　　　　　　　　版权所有　违者必究

《地表水异味特征有机物质监测技术》
编著人员名单

编著者（按姓氏笔画排序）：

王　静　石银俊　叶伟红　付　军　冯　利
冯元群　巩宏平　孙晓慧　朱国华　刘劲松
李沐霏　张胜军　陈　贝　周衍霄　庞晓露
曹小吉

前言

　　水是人类赖以生存和社会经济发展不可替代的自然资源。随着人口的急剧增加、经济社会的飞速发展，以资源匮乏和污染为主要特征的水资源危机日益成为全球问题，水资源危机已经成为目前世界上一个十分尖锐而又难以解决的问题，也是我国生态环境改善和经济社会持续快速发展的主要制约因素。地表水主要是指河流、湖泊以及淡水湿地，占全球总水量的 1.78%。然而随着社会经济的不断发展及人类生活水平的提高，各类工业废水、农业废水、医院废液以及生活污水大量地排入河流、湖泊中，使得环境水体受到了不同程度的污染，进入水体中的有机物的种类及数量也越来越多。据报道，中国大部分地表水的河段污染严重，10% 的居民饮用水有机物污染严重。

　　近些年来，一些地表水异味导致的居民投诉案件日渐增多，如 2013 年 3 月开始的钱塘江流域下游地区长时间受饮用水异味侵扰，虽经过各级政府部门、高校及社会力量联合调查检测，仍然很难确定究竟是何种原因导致大范围的水质污染，也无法明确是某一种或几种特征污染物来表征该水质异味的主要来源。其他如杭州东苕溪水质污染事件、兰州水质污染事件、无锡饮用水异味污染事件等异味污染事故时有发生。为探究异味缘由，管理部门投入了大量的精力与时间，某些事件虽在技术部门的配合下追究到"元凶"，但依然有很多污染事件还是很难明确其来源。究其原因，很大程度上在于对流域内可能产生异味的环境污染风险源的识别并未完全到位，异味污染机理尚未明确，现有的技术手段还无法满足调查需求，实验室常规检测方法或标准很难满足一些异味有机物的嗅觉阈值检测要求，异味有机物检测体系或者方法学尚未建立等。

本书结合人体嗅觉阈值，建立了一整套地表水中异味特征有机物质筛查检测技术方法，并在此基础上，初步编制了地表水异味有机物监测技术导则，作为今后发生类似水污染事件时技术研究部门人员参考依据，同时也为今后建立地表水异味检测方法学体系打下基础。

浙江省重大社会发展基金（2014C03026）及浙江省环保科研基金（2014A011）对本书的出版给予了大力资助，在此表示感谢。

限于编著者水平与时间，书中疏漏和不足之处在所难免，在此衷心希望各位读者不吝赐教，并提出修改意见。

编著者

2018 年 3 月

CONTENTS ——

目录

第①章

绪论

1.1 水中特征异味敏感物质的研究

人类可通过嗅觉和味觉直观地对饮用水的洁净程度进行判断，因此气味，特别是异味，成为人类评价饮用水质量最早的参数之一。目前，随着研究的深入，人们已经将饮用水的气味与人体健康问题联系起来。供水中的异味问题大面积出现于 20 世纪 20～30 年代，人们发现部分水厂存在来源于藻的各种形态以及工业废物的异味。在饮用水源中异味研究方面国外起步较早，在异味分析检测方法、致味成因及其种类以及去除技术研究方面都取得了很多成果。日本和加拿大对水中异味物质的研究主要集中于引起恶臭污染的成因及对恶臭物质的分析测试。我国在异味研究领域起步较晚，主要集中于大气中的异味研究，对饮用水中的异味问题分析及去除技术研究较少，只能进行一些粗略的感官评判，且很少有针对性地提出控制技术措施。

1.1.1 水中异味物质的来源

水中异味物质主要有天然异味物质和人为异味物质。天然异味物质来源主要为由水中生物如藻类、微生物引起的自然污染，如树木叶子等腐烂后浸入水中滋生出的一些微生物及藻类植物的代谢物。人为异味物质主要来源于工业生产中的废水以及日常生活排出的污水，另外对水进行净化处理的过程也可能使水体产生异味，例如消毒剂、吸附剂等产生的副产物。

1.1.2　水中异味物质的类型

饮用水中的一些异味物质的嗅阈浓度很低，有的化合物在水中的浓度达到ng/L级水平，人类就能感觉到其异味，近年来水中异味已成为政府急需解决的问题。经过研究人员研究，可对水中的异味进行分类，并对相应的化学物质进行总结，从其异味类型可初步判定其产生异味的原因。目前水体中常见的气味有以下几种：泥土味、霉味、芳香味、青草味、腐殖味、药品味、鱼腥味、臭鸡蛋味、焦油味、氯苯味等[1,2]。美国加州大学 Suffet 教授基于前人的研究工作绘制出气味轮位图，并列出一些常见物质的种类与导致的气味（见表 1-1），将具体的异味问题与其产生原因有机地结合起来[3]。图 1-1 为废水与饮用水致味轮位示意。

表 1-1　常见异味物质的来源及气味

来源分类		气味	物质名称
化学性致味物质	消毒副产物 氯系消毒	氯味、漂白味、药水味	游离氯、一氯化物、二氧化氯、氯酚（2-CP、4-CP、2,4-DCP、2,4,6-TCP）、溴酚、四氯丙酮、2-甲基丁醛、2-甲基并醛、3-甲基丙醛、乙醛
	臭氧消毒	刺激性气味	溶解性臭氧
	碘消毒	碘仿味	三碘甲烷
	原水污染物	药味	苯酚、2-甲基-8-丙基十二烷
		大蒜味	二甲基三硫
		塑料/烧塑料味	酚醛抗氧化剂
		花香味	苯乙醛
		甜味	2-EDD、2-EMD、苯甲醛、4-壬基酚
		松脂味	甲基叔丁基醚
生物性致味物质	藻类、微生物	土腥味	反-1,10-二甲基-反-9-萘烷醇（GSM）
		土霉味	2-甲基异莰醇、2-异丙基-3-甲氧基吡嗪、2-异丁基-3-甲氧基吡嗪、杜松烯
		发霉腐臭味	2,3,6-三氯代茴香醚（TCA）
		烂菜味	1,1-二甲氧基-反-9-十八烷
	藻类	青草味/干草味	顺-3-己烯基乙酸盐、顺-3-己烯-1-醇、β-环柠檬醛
		腐败/排泄物味	二甲基二硫化物、吲哚
		沼泽味	二甲基三硫化物、3,5-二甲基环己醇

续表

来源分类		气味	物质名称
生物性致味物质	藻类	橘子味	癸醇、柠檬烯
		木瓜味	反-2-顺-6-壬二烯
		鱼腥味	正己醛、正庚醛、反-4-庚醛、2,4-庚二烯醛
		鱼肝油味	反-2-顺-4-庚二烯醛、反-2-顺-4,7-庚二烯醛
		鱼腥/沼泽味	反-2-反-4-庚二烯醛、二甲基聚硫化物
		脂臭味	1-戊烯-3-酮、3-甲基丁酮
		水果味	6-甲基-5-庚烯-2-酮
		紫罗兰味	α-紫罗酮、β-紫罗酮
	微生物	臭鸡蛋味	硫化氢
		洋葱味	异丙基硫醇
		硫黄味	硫醇

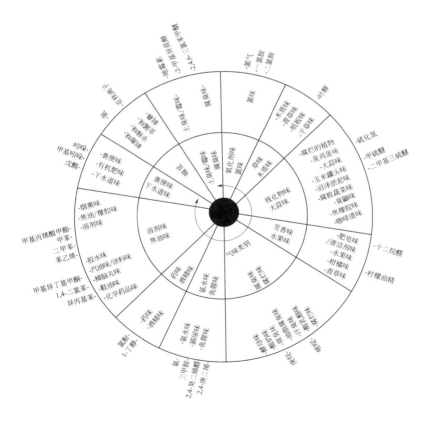

（a）废水致味轮位图

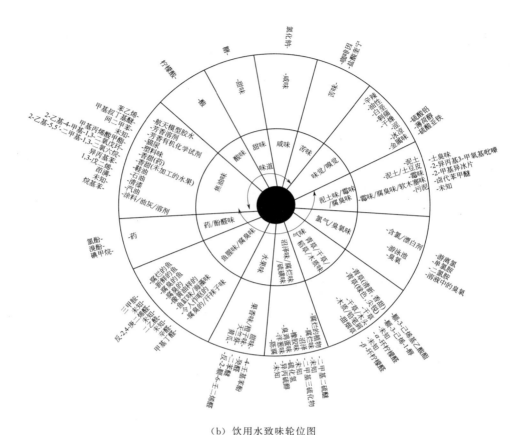

（b）饮用水致味轮位图

图 1-1　废水与饮用水致味轮位图

从表 1-1 中可以看出消毒副产物会产生一些药水、漂白剂味，还有一些产生刺激性气味，碘消毒产生碘仿味等。一些真菌等微生物的代谢物会产生土腥味。致味物质在水中的含量程度高低也决定着对水质不同的影响效果，例如浮游藻类在水中的含量达到 12.6～18.2mg/L 时水中就会有比较淡的异味，而当浓度达到 43～94.7mg/L 时水中异味明显加重，带有腥臭味。β-环柠檬醛随着在水中含量的增加会依次产生新鲜的青草气味，干草味或者木头气味甚至是烟草气味，因此这些物质在水中的浓度不同往往决定着不同效果。

目前，国外已将异味物质的监测和防治措施研究作为水体质量监测研究的重点之一，我国对于水体异味物质的研究起步较晚，而对于异味事件的发生也重视不够。在新颁布的《生活饮用水卫生标准》（GB 5749—2006）中，规定了典型异味物质 2-甲基异莰醇和土臭素的限值（均为 10ng/L）。黄显怀等[4]

从藻类、放线菌、NH_3-N、COD_{Mn} 等方面分析了巢湖水体异味产生的原因，提出了治理对策。王利平[5] 和陆娴婷等[6] 研究了水体中异味物质的测定方法，王锐等[7] 研究了 MIB、Geosmin 等典型水体异味物质的去除。徐旭冉[8] 对饮用水水质的敏感显示物和异味类型进行了简单的统计，如表 1-2 所列。

表 1-2　水质敏感显示物和异味类型

类型	化合物	异味浓度阈值/(mg/L)
土味	土臭素	1.5×10^{-6}
化学物质	乙酸乙酯	4.3
霉菌味	氯丹	2.5×10^{-4}
氯味	次氯酸	0.32
酚味	2,4-二氯酚	2.0×10^{-3}
霉味	2,4,6-氯苯甲醚	3.0×10^{-8}

1.1.3　水中异味物质分析方法

国内外对于异味物质的测定、评价及控制制定了一系列的标准和法规[9,10]。日本制定了第一部关于异味的法规《恶臭防治法》，在此基础上我国于 1993 年制定了《恶臭污染物排放标准》（GB 14554—1993）和《空气质量恶臭测定-三点比较式臭袋法》（GB/T 14675—1993）。对于异味物质的预警，关键在于异味物质分析方法的实时性和准确性。随着技术的发展，欧美等国家制定了以仪器分析为基础的异味测定方法，该方法具有更高的准确性、自动化程度和精密度[11,12]。

目前，异味物质的分析方法主要有感官分析法、仪器分析法和综合分析法[13]。感官分析是人类对水体水质最古老也是最直观的一种分析方法，能够对异味的组成、强度、气味特征等因素进行简单分析，又可以及时地反馈信息，减少了仪器分析带来的样品损耗和时间耽搁，是组成异味物质预警系统必不可少的方法之一；然而感官分析存在主观差异及各方面干扰，精确性较差，对异味的详细成分、浓度及结构不能准确分析，此时就需要用仪器分析作为进一步分析手段，并与感官分析方法相辅相成，互为补充。

1.1.3.1　感官分析法

地表水敏感污染物种类繁多，浓度通常均很低，必须选择高富集倍数的前处理技术和高选择性、高灵敏度的分析仪器进行定性定量测定，难以快速高效地得出结果。通过闻有无异味来判断水质的优劣，是日常生活中人们采取的最简单直观的方式。嗅阈值检测法、气味轮廓分析法和气味层次法都属于感官分析的处理方法。

嗅阈值检测法是用纯水把水样品进行稀释，稀释到可以检测到异味并能够确定产生异味的物质类别。实验环境首先要在一个没有异味的环境下进行实验，避免对实验人员造成误导；其次实验人员在实验前不能有对自身产生误导的行为，如吸烟、食用气味较浓的食物、反胃、呕吐等。实验小组一般由5人或者5人以上组成，多个检测人员可以进行多组实验结果的对比，从而使实验分析结果误差更小，对产生异味物质的判断更为准确。《水和废水监测分析法》详细说明了嗅阈值的计算方法[14]。

气味轮廓分析法不需要对水样进行稀释，检测原理与嗅阈值检测方法基本相似。气味轮廓分析法对气味进行等级标准划分，用数字0、2、4、6、8、10、12分别表示的气味感觉强度，具体为不易察觉、非常微弱、微弱、中等偏弱、中等、中等偏高、强烈[15,16]，该方法有助于感观分析法对物质气味等级标准的判断。即便对这些气味进行等级的划分，感官分析法却存在着不可避免的缺陷，首先由于人们对于气味的敏感度、认知程度不尽相同导致判断上的误差；其次人力有限，在实验过程当中经常会出现疲劳的现象，无法大量实验；实验地点要求等也比较严格苛刻。气味轮廓分析法虽然可以分析水样的一些物理特性，但是无法区分气味单体，尤其是对于混合性气味的分析，不同气味间的中和效应非常复杂，仅运用感官分析无法进行有效的区别，做出详尽的判断。

1.1.3.2　仪器分析法

水样经固相萃取、液液萃取或吹扫捕集等前处理方法富集后可用仪器来测定水样中的异味物质。气相色谱法（GC）、气相色谱-质谱法（GC-MS）等方法是目前测定异味物质的主要仪器手段。

GC、GC-MS法发挥了GC对物质良好的分离能力和质谱提供物质的结构信息的优点，可用于异味物质的准确定性和定量。Patcharee等[17]采用GC-MS测定3种不同精油中31种挥发性有机物。3种精油中均有异味物质被检出，其中异戊基十二烷酸酯、二氢卡拉酮、沉香呋喃、枯苏醇等异味物质为主要成分。Rabaud等[18]利用GC-MS法联用热解吸技术测定奶牛养殖场空气中的异味物质，并成功测定出芳香烃、脂肪烃、醛类及酮类等20种异味物质。仪器测定法可以准确定性及定量已知的异味物质，但环境样品中往往存在很多未知气味的物质，故仪器测定法可能会遗漏一些未知异味的物质测定。

1.1.3.3　综合分析法

综合分析法是将仪器分析法和感官分析法进行有效结合进而分析检测样品中的异味物质。综合分析法可对一般的感官分析法无法分辨的混合物质进行有效区分，对一些人为的不必要的误差进行改进，利用仪器分析法对其进行了填补完善，两种方法的结合可以有效地对样品中异味物质进行分析。目前，综合分析法已经广泛地应用于食品、香料和气味分析等行业[19~22] 中。但是这种方法也只是用于检测浓度相对较高的产品，对于饮用水、地表水这些异味浓度低的水样，此方法的强度还是略显欠缺。为了达到饮用水、地表水的检测标准，嗅辨仪（Olfactometry，O）和 GC-MS 的联用在解决这一问题上表现效果更加优秀。

GC-MS/O 是将仪器分析与感官结合的一种新型技术，通常是在色谱柱末端安装分流口，一部分分流样品进质谱进行定性定量测定，另一部分经嗅辨仪进行人为嗅辨，记录所闻到的异味类型及异味强度。Angélique 等[23] 在选择最优的固相微萃取纤维后采用 GC-MS/O 对法国两种不同的苹果酒中的致味性挥发性有机物进行测定，结果表明，在两种苹果酒中分别测得 36 种和 24 种致味挥发性有机物，并采用 GC×GC-TOF-MS 检测得出其中主要致味物质为2-甲基丁酸甲酯、2-苯乙醇、2-乙酸苯乙酯等酯类及醇类物质。Katharina 等[24] 采用顶空固相微萃取富集红浆果酸乳中的致味活性物质，通过 GC-MS/O 的分析测得影响气味的物质主要为三种乙酯及一种醇类物质。在实验过程中发现物质本身的气味也会受外界因素如其他物质的干扰、pH 值等的干扰。

传感器法主要指人工嗅觉系统即电子鼻（E-nose），是模仿生物鼻的一种电子系统，是嗅觉测定方法和感觉分析技术的结合产物，可以发挥二者的优点[25]。但电子鼻在定量上存在较大的缺陷，分析精度远不如 GC-MS/O 等仪器。

1.2　地表水中特征性有机污染物分析方法研究进展

随着水资源污染的日益严重，水中有机物的种类日趋复杂，地表水中的特征性有机污染物的含浓度通常均很低，必须选择合适的富集方式才可开展相关仪器定性分析。富集后的样品基质复杂，杂质浓度可能远高于目标物，对复杂基质样品的定性定量分析一直是分析化学和环境科学的难点。

1.2.1　样品前处理技术

　　样品的浓缩富集前处理技术方法很多，包括固相萃取、固相微萃取、吹扫捕集、顶空富集和液液萃取等，其中固相萃取（solid-phase extraction，SPE）是 20 世纪 70 年代发展起来的技术，由 Stonge 等[26] 首次提出。固相萃取是将待测化合物吸附在固体吸附剂上，完成样品的富集，同时使待测化合物与干扰物分离，选择合适的洗脱溶液将待测化合物淋洗，从而达到待测化合物的富集与分离。大体积固相萃取是固相萃取中的一种，固相萃取的上样量通常是几十毫升至几百毫升不等，而大体积固相萃取的上样量通常为 1000mL 以上，是普通固相萃取上样量的几十倍至一百多倍。大体积固相萃取集样品富集、样品净化于一体，富集倍数往往较高，且固相萃取吸附剂根据待测化合物性质有多种选择，因此在环境领域（尤其是水质分析及农药残留分析）、食品领域及药物分析领域有着重要的用途[27~29]。

　　与液液萃取及固相微萃取相比较，大体积固相萃取具有较多优势。

　　① 较高的富集倍数　固相萃取柱有多种容量可以选择，富集倍数一般较高，大体积固相萃取富集倍数甚至可达上万倍。

　　② 较高的萃取效率　可以根据待测物的性质选择适当的固相萃取柱，对于极性范围较广的也可选择 HLB 等广谱性固相萃取柱，萃取效率可达 70% 以上。

　　③ 有机溶剂用量少　待测物在被富集后往往只需用 10mL 左右有机溶剂洗脱，而液液萃取通常需要几十毫升的有机溶剂。较少的有机溶剂使用量不仅减少了对环境的污染，也减少了有机溶剂中可能存在的杂质对待测物造成的影响。

　　④ 操作简单，易于实现自动化　固相萃取需预淋洗、上样、洗脱等步骤，而这些步骤很容易实现自动化，尤其是商品化的一次性固相萃取小柱的普及，大大解放了人力劳动，加大了对实验人员的保护，减少试验时间。

1.2.2　地表水中特征性有机污染物仪器分析现状

　　地表水中的特征性有机污染物的含量往往很低，一般为 ng 级（10^{-9}），因此有效的高灵敏度的检测方法起着至关重要的作用。随着科学技术的发展，现代分析仪器气相色谱-质谱联用仪、气相色谱-四级杆飞行时间质谱仪、液相色谱-串联质谱等大型仪器能为地表水中的痕量甚至超痕量有机污染物的测定提供有力的技术支持。

Gorana Peček 等[30] 采用吹扫捕集-气相色谱质谱联用法测定地表水中的 12 种半挥发性氯苯类有机污染物，并采用全扫描方式定量，结果表明化合物分离好，方法检出限为 0.02～1.50ng/L，平均加标回收率为 86.0%～113%，相对标准偏差为 1.3%～17.5%。该方法简便快速、有机溶剂用量少，适用于水中氯苯类化合物的测定。四乙基铅的推荐检测方法为《生活饮用水水质卫生规范》中的双硫腙比色法，但该方法有操作步骤复杂、使用的试剂剧毒、重现性差等缺点；叶伟红等[31] 采用固相微萃取-气相色谱质谱联用法测定地表水中的四乙基铅，不仅缩短了前处理时间而且也降低了方法检出限，方法操作简单、对环境危害少，满足地表水及部分废水样的测定。近年来，出现了一种新型 GC-QTOF，即大气压气相色谱-四极杆飞行时间质谱（APGC-QTOF-MS）。Cheng 等[32] 采用大气压气相色谱-四级杆飞行时间质谱同时测定土壤和水中的 15 种有机氯农药。分别采用 QuEChERs 法和固相萃取方法来富集净化土壤样品和水样。结果表明水中 15 种有机氯农药的平均加标回收率为 70.0%～118.0%，相对标准偏差在 0.5%～12.2%，15 种有机氯农药方法检出限低于 3.00μg/L，方法定量限低于 9.99μg/L。

第**2**章

地表水异味物质监测布点与采样

2.1 地表水监测点位布设

河流、湖泊和水库异味物质的采样点位参照《地表水和污水监测技术规范》（HJ/T 91—2002）中 4.3.1.1 和《水质 采样技术指导》（HJ 494—2009）中 4.4 相关要求布设。

根据监测水体的不同，具体布点如下所述。

2.1.1 河流

一般采用断面布设法。污染源对水体水质影响较大的河段，采样断面至少设置对照、控制、削减三个断面；污染源对水体水质影响较小的河段，布置一个控制断面；如牵涉到河网密布或支流较多的流域，应适当增加控制断面数量。

（1）对照断面

布设在河流进入城市或者工业排污区（口）之前，或河流上游未受当地污染区影响的地方。

（2）控制断面

布设在排污区（口）下游能反映本污染区污染状况的地方；或布设在河流主流、河口、重要支流汇入口，主要用水区，主要居民区和工业区的上游和下游，根据河流（或河段）被污染的具体情况可设置一个或数个控制断面。

（3）削减断面

布设在控制断面下游污染物得到稀释的地区；或布设在河流下游出口前1000m附近区域。

（4）注意事项

① 每一断面的采样点数视河流宽度而定，河面宽度在100m以上时，可于左、中、右各布设1个采样点，左右两点应设在有明显水流处；河宽50～100m，在河流左右两边距岸约5m有代表性的位置布设2个采样点；河宽50m以下，只在河流中心设置1个采样点，如一边有污染带则增设1个采样点。

② 为追溯污染源，如河段有支流汇入，可在支流入河口前10～20m处布点；如河段有多个排污口汇入，应在排污口附近增设采样点。

③ 城市集中供水点处至少应设1个采样点；具有营养特征的河段、河口或沿海水域的重要出口和入口应增设若干采样点。

2.1.2 湖泊、水库

一般应在下列水域设置断面和采样点。

① 湖泊、水库的主要出入口，采样点的布设与2.1.1（4）①项相同。

② 湖泊、水库的中心区，沿水流方向及滞流区的各断面，布设1～2个采样点，并适当均匀分布。

③ 沿湖、水库四周有较大排污口区，应在该区附近设置控制断面或采样点。

④ 在湖库取水口附近设置采样点。

⑤ 湖泊、水库相对清洁区。

2.1.3 水厂出水及自来水采样点位

在水厂出水管道及末梢自来水水龙头设置采样点。

2.2 地表水水体逸出气体取样点布设

为更进一步调查水体异味物质类别，在水厂取水口地表水断面水面上

10～30cm处设置采样点，利用真空负压苏玛罐抽取采集水面的环境空气，可设置成瞬时采样或采用限流阀长时间采样两种模式。

2.3 河流沉积物（底质）样品采集点位布设

原则上在地表水采样点位的垂线下设置一个沉积物取样点，以判别异味是否来自于沉积物的缓慢释放。

2.4 异味物质水质监测的采样

2.4.1 确定采样频次的原则

依据异味影响的范围、水文要素和污染源分布、污染物排放等实际情况，力求以最低的采样频次取得最有代表性的样品。

2.4.2 采样频次与采样时间

原则上在不同监控地点采集一个频次的地表水样品作为异味物质监测调查对象，如情况较为复杂，可以适当增加采样频次。地表水水体逸出气体样品采集时间不低于8h，如异味明显，也可以采集瞬时样品。

2.4.3 样品采集

地表水样品采集器材及采样方法参照《地表水和污水监测技术规范》（HJ/T 91—2002）执行。水厂出水及末梢自来水样品采集参照《生活饮用水卫生规范》（GB/T 5750）执行。地表水水体逸出气体样品采集参照《环境空气质量手工监测技术规范》（HJ/T 194—2005）和美国《苏玛罐气相色谱质谱法测定空气中挥发性有机物》（EPA TO-15）方法执行。底质样品采集参照《地表水和污水监测技术规范》（HJ/T 91—2002）执行。

2.4.4 样品保存及运输

包括水文参数等项目需要在现场进行测定。带回实验室分析的样品需要冷藏运输，并防止交叉污染。

2.4.5 水质采样的质量保证

采样的质量保证工作参照 HJ/T 91—2002 执行。

2.5 监测项目

原则上按照下列顺序依次开展地表水中异味物质的监测。

（1）常规监测项目

臭和味、水温、pH 值、溶解氧、高锰酸盐指数、化学需氧量、BOD_5、氨氮、总氮、总磷等常规指标。

（2）生物性致味物质

2-甲氧基-3-异丙基吡啶（IPMP）、2-甲氧基-3-异丁基吡嗪（IBMP）、2-甲基异莰醇（2-MIB）、2,4,6,-三氯苯甲醚（2,4,6-TCA）和土臭素（Geosmin）等物质。

（3）其他异味有机物质

对于常规监测项目未要求控制的异味污染物，根据当地的环境污染状况或前期调查目标物情况，以及使用其他仪器定性分析的结果确定监测对象，主要包括挥发性和半挥发性有机污染物。

（4）地表水水体逸出气体

参照美国《苏玛罐气相色谱质谱法测定空气中挥发性有机物》（EPA TO-15）测定目标物，或者参照本书方法测定。

（5）沉积物监测项目

有机质，其他监测项目同（2）。

原则上不同监测项目按照国标方法进行鉴定，但对于部分无国标方法或者无国际标准方法的参照第 3 章建立的方法执行。

2.6 采样记录

采样时，应记录样品编号、采样断面、水深、性状特征、采样日期和采样人员等。

第 3 章

地表水特征异味物质鉴别方法

本章建立了地表水异味有机物鉴别方法流程，包括地表水中常见挥发性、半挥发性异味有机物的定性、定量以及结构鉴定的方法。按照异味判别先易后难的原则，首先参考《生活饮用水卫生规范》（GB/T 5750—2001）建立地表水水质的异味鉴别及描述方法。根据异味轮状图，大致判断是天然源还是人为源影响。如初步判断可能是藻类分解等天然源产生的异味，参照固相微萃取法定性定量鉴别生物致味物质。如果是人为源影响，可以采用不同极性的固相微萃取或大体积固相萃取技术对水体中的挥发性、半挥发性有机污染物进行预浓缩，与气相色谱-质谱-嗅辨联用仪联用对地表水中异味有机物质进行定性和半定量鉴别，并结合人工异味描述，判断引起地表水异味的主要致味有机物。然后根据鉴别结果，分别采用固相微萃取技术、大体积吹扫捕集技术、大体积多极性固相萃取技术、苏玛罐预富集技术与气相色谱-质谱联用定性定量分析地表水和地表水水面环境空气中挥发性和半挥发性有机物，必要时采用 APGC-QTOF 技术对地表水中特征性有机物进行结构辅助判别，具体流程如图 3-1 所示。其中，不同极性固相微萃取与气相色谱质谱-嗅辨联用同步分析技术测定地表水中挥发性和半挥发性有机物方法与大体积多极性固相萃取 GC/MS 嗅辨同步鉴别技术类似不做单独描述。

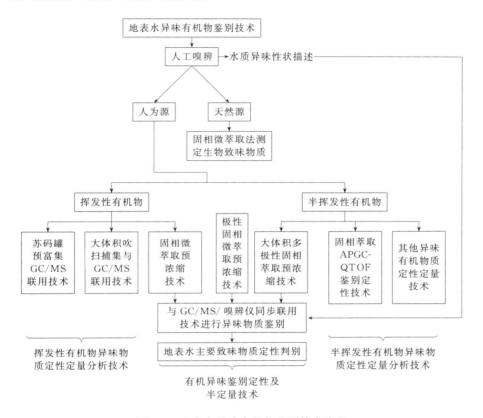

图 3-1　地表水异味有机物鉴别技术流程

3.1 地表水中臭味鉴别方法

3.1.1　适用范围

本方法适用于地表水及其他水体中臭味的测定。

3.1.2　方法原理

采用人工异味的方法对水质异味进行初步判断，定性描述水质异味强弱。

3.1.3　仪器

聚四氟乙烯柱状水质采样器或不锈钢柱状水质采样器。

带聚四氟乙烯密封隔垫的螺旋盖玻璃瓶，500mL，使用前经蒸馏水清洗，无异味。锥形瓶，250mL。

加热装置：变阻电加热炉。

3.1.4 试剂

蒸馏水：二次蒸馏水或纯水设备制备的二级用水。使用前需经过空白异味检验，确认蒸馏水中无异味。

3.1.5 样品采集与保存

地表水样品采集参照 HJ/T 91—2002 方法的相关规定执行。所有样品均采集平行双样，水样需要注满玻璃样品瓶，不得留有气泡。样品采集后应在4℃下保存，尽快分析。

3.1.6 分析步骤

3.1.6.1 原水样的臭味

取 100mL 水样，置于 250mL 锥形瓶中，振摇后从瓶口嗅水的气味，参照图 3-1 气味轮位图用适当的词语描述，并按照表 3-1 所列分六级记录其强度。

表 3-1　臭味的强度等级

等级	强度	说明
0	无	无任何异味
1	微弱	大部分人甚难察觉,但异味敏感者可以发觉
2	弱	大部分人能刚能察觉
3	明显	已能明显察觉
4	强	已有很显著的异味
5	很强	有强烈的恶臭或异味

3.1.6.2 原水煮沸后的异味

将上述锥形瓶内水样加热至开始沸腾，立即取下锥形瓶，稍冷后按照上述方法鉴别其异味，用适当的词语加以描述，并按六级记录其强度，如表 3-1 和图 1-1(b) 所示。

3.2 生物性致味物质检测方法

本方法针对常见的 5 种生物性致味物质，分别是 2-甲氧基-3-异丙基吡啶（IPMP）、2-甲氧基-3-异丁基吡嗪（IBMP）、2-甲基异莰醇（2-MIB）、2,4,6-三氯苯甲醚(2,4,6-TCA) 和土臭素（Geosmin）。其他生物性致味物质经验证后可以参照本方法执行。当取样量为 10mL 时，地表水中该类物质的检出限在 3.3～8.9ng/L 范围内。

3.2.1 方法原理

异味物质通过固相微萃取预处理后，经气相色谱分离，用质谱仪进行检测。通过与待测目标化合物保留时间和标准质谱图或特征离子相比较进行定性，外标法定量。

3.2.2 干扰及消除

每次分析完后要对固相微萃取针进行烘烤，以消除残留带来的干扰。

3.2.3 方法的适用范围

适用于地表水和干净水体中异味物质的测定。

3.2.4 仪器

（1）固相微萃取装置

（2）气相色谱质谱

气相色谱部分具有分流/不分流进样口，可程序升温。质谱部分具有电子轰击电离（EI）源。

（3）固相微萃取头

$50/30\mu m$ DVB/CAR/PDMS。

3.2.5 试剂

除非另有说明，分析时均使用符合国家标准的分析纯试剂。

（1）实验用水

二次蒸馏水或纯水设备制备的水。使用前需经过空白试验检验，确认在目标化合物的保留时间区间内没有干扰色谱峰的出现或其中的目标化合物低于方法检出限。

（2）甲醇

农残级。

（3）氦气

纯度≥99.999％。

（4）标准储备液

可直接购买包括所有相关分析组分的标准溶液，也可用纯单标制备，将其置于聚四氟乙烯封口的螺口瓶中，尽量减少瓶内的液上顶空，于4℃冰箱中避光保存。

（5）标准使用液

100μg/L，用甲醇稀释标准储备液。将其置于聚四氟乙烯封口的螺口瓶中，尽量减少瓶内的液上顶空，避光于4℃冰箱中保存。经常检查溶液是否变质或挥发。在配制校准使用液时要将其放至室温。

3.2.6　步骤

（1）样品采集

地表水样品采集参照 HJ/T 91—2002 的相关规定执行。所有样品均采集平行双样，每批样品应带一个全程序空白和一个运输空白。

采集样品时，应使水样在样品中溢流而不留空间。取样时，应尽量避免或减少样品在空气中暴露的时间。

（2）样品保存

采集后的样品在4℃以下保存，尽快分析。

（3）校准曲线

配制 5 个不同浓度的标准系列：5ng/L、10ng/L、20ng/L、50ng/L、100ng/L。

（4）分析条件

① 固相微萃取参考条件　预热时间 60s；萃取温度 80℃；预热搅拌速率 650r/min；打开搅拌器的时间 10s；关闭搅拌器的时间 0s；瓶渗透 22μm；萃取时间 2400s；注射渗透 54μm；脱附时间 180s；过柱时间 900s；气相运行时间 60s。

② 气相色谱参考条件　气相条件。

进样口：265℃，无分流。

色谱柱：DB-1 50m×320μm×1.05μm。

载气：He 1.2mL/min。

柱温：60℃保持 3.0min，以 10℃/min 速率升温到 250℃，保持 2.0min。

Aux：250℃。

③ 质谱参考条件 离子源为 EI；离子源温度 230℃；接口温度 250℃；离子化能量 70eV。扫描方式：选择离子方式，溶剂延迟 12min；选择离子条件如表 3-2 所列。

表 3-2 选择离子条件

起止时间/min	选择的扫描离子
12～15.2	137,152,124
15.2～17.5	124,151,94,95,107,135
17.5～24	197,195,212,112,125,97

④ 测定 在顶空瓶中加入 10mL 水样，将固相微萃取头没入水中，按照设定条件进行萃取分析，根据异味物质的保留时间及特征离子丰度比进行定性。

（5）异味物质标准色谱图

异味物质标准色谱图如图 3-2 所示。

3.2.7 计算

异味物质的测定采用外标法进行定量，定量计算水样中异味物质的含量，结果以 ng/L 表示。

当测定结果＜1ng/L 时，保留小数点后 3 位；当计算结果≥1ng/L 时，保留 3 位有效数字。

3.2.8 质控措施

（1）仪器性能检查

在每天分析之前，GC/MS 系统必须进行仪器性能检查。进 2μL 质谱调谐溶液 BFB，GC/MS 系统得到的 BFB 的关键离子丰度应满足表 3-3 中规定的标准，否则需对质谱仪的一些参数进行调整或清洗离子源。

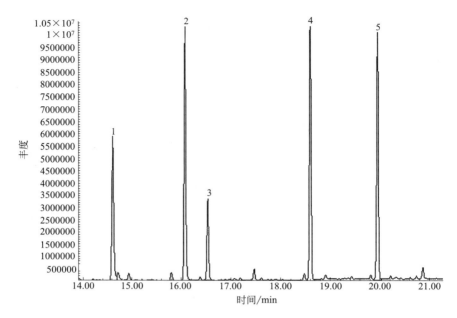

图 3-2　异味物质标准色谱图

1—2-甲氧基-3-异丙基吡啶（14.612min）；2—2-甲氧基-3-异丁基吡嗪（16.073min）；

3—2-甲基异茨醇（16.534min）；4—2,4,6-三氯苯甲醚（18.608min）；5—土臭素（19.969min）

表 3-3　溴氟苯（BFB）离子丰度标准

质荷比	离子丰度标准	质荷比	离子丰度标准
95	基峰,100％相对丰度	175	质量 174 的 5％～9％
96	质量 95 的 5％～9％	176	质量 174 的 95％～105％
173	小于质量 174 的 2％	177	质量 176 的 5％～10％
174	小于质量 95 的 50％		

（2）初始校准

各目标物的校准曲线相关系数≥0.990。

（3）连续校准

每测定 20 个样品测定一个校准曲线中间点浓度的标准溶液，测定值与校准曲线该点浓度的相对误差应≤20％，否则应建立新的标准曲线。

（4）样品

① 空白实验　每批样品（以 20 个样品为一批次）需要至少分析一个实验室空白。

空白实验分析结果应满足如下任一条件的最大者：a. 目标物浓度小于方法检出限；b. 目标物浓度小于相关环保标准限值的 5％；c. 目标物浓度小于样品分析结果的 5％。

如不能满足上述条件，需重新调整分析仪器。

② 平行样和基体加标　每批次样品（最多 20 个）应至少选择一个样品进行平行样测试和基体加标测试，目标物平行样分析结果相对偏差应≤30％，基体加标回收率应在 60％～130％范围内。

3.3　大体积吹扫捕集-气质联用测定水质中挥发性有机物

按照世界卫生组织的定义，沸点在 50～250℃的化合物，室温下饱和蒸汽压超过 133.32Pa，在常温下以蒸汽形式存在于空气中的一类有机物为挥发性有机物。按其化学结构的不同，可以进一步分为：烷类、芳烃类、烯类、卤烃类、酯类、醛类、酮类和其他八类。VOCs 的主要成分有烃类、卤代烃、氧烃和氮烃，它包括苯系物、有机氯化物、氟里昂系列、有机酮、胺、醇、醚、酯、酸和石油烃化合物等。本方法在《水质　挥发性有机物的测定　吹扫捕集/气相色谱法》（HJ 686—2014）基础上做了一定的改进，在水样体积为 25mL 时不同目标物方法检出限为 0.05～1.0μg/L。

3.3.1　方法原理

样品中的挥发性有机物经高纯氦气（或氮气）吹扫后吸附于捕集管中，将捕集管加热并以高纯氦气反吹，被热脱附出来的组分经气相色谱分离后，用质谱仪进行检测。通过与待测目标化合物保留时间和标准质谱图或特征离子相比较进行定性，内标法定量。

3.3.2　干扰及消除

主要的污染来源是吹脱气及捕集管路中的杂质。每天在操作条件下分析纯水空白，检查系统中是否存在污染（不得从样品检测结果中扣除空白值）；不要使用非聚四氟乙烯的塑料管和密封圈，吹脱装置中的流量计不应含橡胶元件；仪器实验室不应有溶剂污染，特别是二氯甲烷和甲基叔丁基醚。

样品在运输和储藏过程中可能会因挥发性有机物渗透过密封垫而受到污染。在采样、加固定剂和运输的全过程中携带纯水作为现场试剂空白来检查此类污染。

高、低浓度的样品交替分析时会产生残留性污染。为避免此类污染，在测定样品之间要用纯水将吹脱管和进样器冲洗两次，在分析特别高浓度的样品后，要分析一个实验室纯水空白。若样品中含有大量水溶性物质、悬浮固体、高沸点物质或高浓度的有机物，会污染吹脱管，此时要用洗涤液清洗吹脱管，再用二次水淋洗干净后于105℃烘箱中烘干后使用。吹脱系统的捕集管和其他部位也易被污染，要经常烘烤、吹脱整个系统。

3.3.3 方法的适用范围

适用于地表水、地下水、废水和固废浸出液中挥发性有机物的测定，同时该方法可用于水样中挥发性有机物的定性分析。

3.3.4 仪器

（1）吹扫捕集系统

包括吹扫装置、捕集管和解吸系统，最好带自动进样器。

（2）吹扫装置

能容纳25mL水样且水样深度大于5cm。若GC/MS体系的灵敏度能达到方法检出限，也可使用5mL的吹扫管。吹扫管内水样上方气体空间需小于15mL，吹扫气的初始气泡直径要小于3mm，吹扫气从距水样底部不大于5mm处导入。

（3）捕集管

25cm×3mm（内径），内填有1/3聚2,6-二苯基对苯醚（Tenax）、1/3硅胶、1/3椰壳活性炭。若能满足质控要求，也可使用其他的填充物。

（4）气相色谱质谱

气相色谱部分具有分流/不分流进样口，可程序升温。质谱部分具有电子轰击电离（EI）源。

（5）色谱柱

要保证脱附气流与柱型匹配，可用以下柱子或其他等效色谱柱：

60m×0.75mm（内径）×1.5μm（膜厚）VOCOL宽口径毛细管柱；

30m×0.53mm（内径）×3.0μm（膜厚）DB-624宽口径毛细管柱；

30m×0.32mm（内径）×1.8μm（膜厚）DB-624窄口径毛细管柱；

30m×0.32mm（内径）×1.0μm（膜厚）DB-5窄口径毛细管柱。

（6）气密性注射器

25mL或5mL。

3.3.5 试剂

除非另有说明，分析时均使用符合国家标准的分析纯试剂。

（1）实验用水

二次蒸馏水或纯水设备制备的水。使用前需经过空白试验检验，确认在目标化合物的保留时间区间内没有干扰色谱峰出现或其中的目标化合物低于方法检出限。

（2）捕集管填充材料

聚2,6-二苯基对苯醚（Tenax），60～80目；硅胶，35～60目；椰壳活性炭，60～80目。

（3）甲醇

农残级。

（4）盐酸（1∶1）

优级纯。

（5）氮气

高纯氮气。

（6）氦气

纯度≥99.999％。

（7）标准储备液

浓度为200mg/L，甲醇溶剂。可直接购买包括所有相关分析组分的标准溶液，也可用纯单标制备（称重法），将其置于聚四氟乙烯封口的螺口瓶中，尽量减少瓶内的液上顶空，于4℃冰箱中避光保存。

（8）标准使用液

用甲醇稀释标准储备液，一般浓度为10.0mg/L。将其置于聚四氟乙烯封口的螺口瓶中，尽量减少瓶内的液上顶空，避光于4℃冰箱中保存。经常检查溶液是否变质或挥发。在配制校准使用液时要将其回温。

（9）内标和替代物添加液

用甲醇分别配制一定浓度的内标（氟苯、1,2-二氯苯-D4）溶液、替代物

（4-溴氟苯）溶液。在满足方法要求并不干扰目标组分的测定前提下，可用其他的内标和替代物，也可直接购买相应的内标溶液和替代物溶液。

3.3.6 步骤

（1）样品采集

海水、地下水、地表水和污水的样品采集分别参照《海洋监测规范》（GB 17378.3—2007）、《地下水环境监测技术规范》（HJ/T 164—2004）和《地表水和污水监测技术规范》（HJ/T 91—2002）的相关规定执行。所有样品均采集平行双样，每批样品应带一个全程序空白和一个运输空白。

采集样品时，应使水样在样品中溢流而不留空间。取样时应尽量避免或减少样品在空气中暴露。

（2）样品保存

采样前，需要向每个样品瓶中加入抗坏血酸，每 40mL 样品需加入 25mg 的抗坏血酸。如果水样中总余氯的量超过 5mg/L，应先按 HJ 586 附录 A 的方法测定总余氯后，再确定抗坏血酸的加入量。在 40mL 样品瓶中，总余氯每超过 5mg/L，需多加 25mg 的抗坏血酸。采样时，水样呈中性时向每个样品瓶中加入 0.5mL 盐酸溶液，拧紧瓶盖；水样呈碱性时应加入适量盐酸溶液使样品 pH≤2。采集完水样后，应在样品瓶上立即贴上标签。

当水样加盐酸溶液后产生大量气泡时应弃去该样品，重新采集样品。重新采集的样品不应加盐酸溶液，样品标签上应注明未酸化，该样品在 24h 内分析。样品采集后冷藏运输。运回实验室后应立即放入冰箱中，在 4℃ 以下保存，14d 分析完毕。样品存放区域应无有机物干扰。

（3）校准曲线

配制 5 个不同浓度的标准系列：0.5μg/L、1.0μg/L、2.5μg/L、5.0μg/L、10.0μg/L。向 5 个标准溶液中加入一定量内标物质，使其中内标物质浓度均为 10.0μg/L，根据保留时间就近原则。

（4）分析条件

① 吹扫捕集参考条件　吹扫温度为室温或恒温；吹扫时间 11min；吹扫流量 40mL/min；解吸温度 190℃；解吸时间 2min；烘烤温度 210℃；烘烤时间 10min。可根据仪器的实际情况进行适当调整。

② 气相色谱参考条件　柱箱起始温度 35℃，保持 3.0min，以 5℃/min 速率升温至 200℃，再以 15℃/min 速率升温至 230℃，保持 2.0min。载气为 He，流

量 1.0mL/min。进样口温度 230℃；分流进样，分流比为 10：1。

③ 质谱参考条件　离子源为 EI；离子源温度 230℃；接口温度 250℃；离子化能量 70eV；扫描范围 35～260amu。

④ 测定　根据挥发性有机物的保留时间及特征离子丰度比进行定性。

（5）挥发性有机物标准色谱图

图 3-3 为挥发性有机物标准总离子流色谱图，其中各峰所代表的有机物及保留时间依次为：1,1-二氯乙烯（2.71min）；二氯甲烷（3.30min）；反-1,2-二氯乙烯（3.67min）；1,1-二氯乙烷（4.25min）；顺-1,2-二氯乙烯（5.16min）；2,2-二氯丙烷（5.25min）；氯仿（5.73min）；溴氯甲烷（5.55min）；1,1,1-三氯乙烷（6.01min）；四氯化碳（6.30min）；1,1-二氯-1-丙烯（6.32min）；苯（6.68min）；1,2-二氯乙烷（6.73min）；氟苯（IS）（7.25min）；三氯乙烯（8.02min）；1,2-二氯丙烷（8.46min）；二溴甲烷（8.71min）；一溴二氯甲烷（9.13min）；顺-1,3-二氯丙烯（10.22min）；甲苯（11.00min）；反-1,3-二氯丙烯（11.67min）；1,1,2-三氯乙烷（12.11min）；四氯乙烯（12.40min）；1,3-二氯丙烷（12.52min）；二溴氯甲烷（13.10min）；1,2-二溴乙烷（13.31min）；氯苯（14.78min）；1,1,1,2-四氯乙烷（15.10min）；乙苯（15.22min）；（对+间）二甲苯（16.60min）；邻二甲苯（16.76min）；苯乙烯（16.84min）；溴仿（17.25min）；异丙苯（18.00min）；溴氟苯 SS（18.37min）；溴苯（18.71min）；

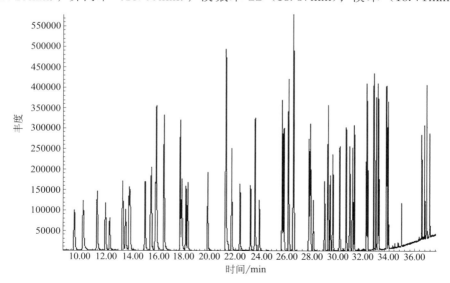

图 3-3　挥发性有机物标准总离子流色谱图

1，2，3-三氯丙烷（19.04min）；1，1，2，2-四氯乙烷（19.06min）；正丙苯（19.33min）；2-氯甲苯（19.43min）；4-氯甲苯（19.82min）；1，3，5-三甲苯（19.97min）；叔丁苯（20.98min）；1，2，4-三甲苯（21.15min）；1-甲基丙基苯（21.73min）；1，3-二氯苯（21.87min）；1，4-二氯苯（22.19min）；4-异丙基甲苯（22.30min）；1，2-二氯苯-D4 IS（23.32min）；1，2-二氯苯（23.37min）；正丁苯（23.67min）；1，2-二溴-3-氯丙烷（26.08min）；1，3，5-三氯苯（28.96min）；萘（29.71min）；六氯丁二烯（29.78min）；1，2，3-三氯苯（30.60min）。

3.3.7 计算

挥发性有机物的测定采用内标法进行定量，根据相对校正因子 RRF，定量计算水样中挥发性有机物的含量，结果以 $\mu g/L$ 表示。

对于非目标挥发性有机物，应使用气相色谱-质谱进行定性分析及半定量分析，被定性的物质使用甲苯作为内标，采用全扫描离子方式进行积分后，根据被定性物质的峰面积与标准系列中甲苯的峰面积比半定量计算定性物质浓度。原则上应该对每一个特征色谱峰进行物质定性及结构判别，无法确认的主要物质也可以借助其他仪器设备进行辅助结构判定。

当测定结果 $<1\mu g/L$ 时，保留小数点后 3 位；当计算结果 $\geqslant 1\mu g/L$ 时，保留 3 位有效数字。

3.3.8 质控措施

（1）仪器性能检查

在每天分析之前，GC/MS 系统必须进行仪器性能检查。进 $2\mu L$ 质谱调谐溶液 BFB，GC/MS 系统得到的 BFB 的关键离子丰度应满足表 3-4 中规定的标准，否则需对质谱仪的一些参数进行调整或清洗离子源。

表 3-4 溴氟苯（BFB）离子丰度标准

质荷比	离子丰度标准	质荷比	离子丰度标准
95	基峰，100%相对丰度	175	质量 174 的 5%～9%
96	质量 95 的 5%～9%	176	质量 174 的 95%～105%
173	小于质量 174 的 2%	177	质量 176 的 5%～10%
174	小于质量 95 的 50%		

（2）初始校准

各目标物的响应因子的相对标准偏差变化值在±20％以内。

（3）连续校准

每测定 20 个样品测定一个校准曲线中间点浓度的标准溶液，测定值与校准曲线该点浓度的相对误差应≤20％，否则应建立新的标准曲线。

（4）样品

① 空白实验　每批样品（以 20 个样品为一批次）需要至少分析一个实验室空白。

空白实验分析结果应满足如下任一条件的最大者：a. 目标物浓度小于方法检出限；b. 目标物浓度小于相关环保标准限值的 5％；c. 目标物浓度小于样品分析结果的 5％。

如不能满足上述条件，需重新更换试剂，清洗分析器具，重新调整分析仪器。

② 平行样和基体加标　每批次样品（最多 20 个）应至少选择一个样品进行平行样测试和基体加标测试，目标物平行样分析结果相对偏差应≤30％，基体加标回收率应在 60％～130％之间。

3.4　苏码罐预浓缩/气相色谱-质谱法测定环境空气中挥发性有机物

空气中挥发性有机物主要根据美国 EPA TO-15（1999）方法确定，物质包括：二氯二氟甲烷，氯甲烷，1,1,2,2-四氟-1,2-二氯乙烷，氯乙烯，溴甲烷，氯乙烷，三氯氟甲烷，1,1-二氯乙烯，二氯甲烷，三氯三氟乙烷，1,1-二氯乙烷，顺-1,2-二氯乙烯，氯仿，1,2-二氯乙烷，1,1,1-三氯乙烷，四氯化碳，苯，1,2-二氯丙烷，三氯乙烯，顺-1,3-二氯丙烯，反-1,3-二氯丙烯，1,1,2-三氯乙烷，甲苯，1,2-二溴乙烷，四氯乙烯，氯苯，乙苯，对＋间二甲苯，苯乙烯，1,1,2,2-四氯乙烷，邻二甲苯，1,3,5-三甲苯，1,2,4-三甲苯，1,3-二氯苯，1,4-二氯苯，1,2-二氯苯，1,2,4-三氯苯，六氯-1,3-丁二烯，丙烯，1,3-丁二烯，溴代乙烯，丙酮，异丙醇，3-氯-1-丙烯，二硫化碳，反-1,2-二氯乙烯，甲基叔丁基醚，乙烯乙酸酯，甲基乙基酮，n-正己烷，乙酸乙酯，四氢呋喃，环己烷，一溴二氯甲烷，二氧杂环己烷，2,2,4-三甲戊烷，n-庚烷，甲基异丁基酮，甲基丁基酮，二溴一氯甲烷，溴仿，4-乙基甲苯，苄基氯。本方法在 TO-15 方法的基础上根据地表水表面水蒸气含量较高的特点做了一定的优化，在气样体积为 100mL 时不同目标物方法检出限为 0.2～2.0μg/m³。

3.4.1　方法原理

用苏玛罐（或采气袋）采样，Entech 预浓缩仪预浓缩，进入气相色谱/质谱联用仪进行分析样品中挥发性有机物。由保留时间和特征离子峰进行定性分析，由色谱峰面积进行定量分析。

3.4.2　干扰及消除

每次测定要分析实验室空白和全程序空白，以消除采样过程、运输过程及实验室带来的干扰。

3.4.3　方法的适用范围

适用于空气和废气中挥发性有机物的测定，当进样量为 100mL 时各化合物的检测限在 0.001mg/m³ 左右。

3.4.4　检测设备、试剂和常用器具

（1）采样设备
苏玛罐，配 8h 或 24h 限流阀，以及流量校正器。
（2）试剂
氮气为普通高纯氮和 BOC 高纯液氮。
氦气为高纯氦气。
（3）标准物质
挥发性有机物标气，美国 RESTEK 公司标准气体或其他有证标准气体。

3.4.5　分析环境条件

温度范围，10～30℃；
相对湿度，30%～80%；
清洁无尘。

3.4.6　步骤

3.4.6.1　样品采集

在实验室事先准备好抽完真空的苏玛罐，到采样点后距地表水水面 20～30cm 处打开真空阀门进行采样。

3.4.6.2　样品保存

采集后的样品可保存 2 周，尽快分析。

3.4.6.3　校准曲线

配制 5 个不同浓度（按体积计）的标准系列：1.0×10^{-9}、2.5×10^{-9}、4.0×10^{-9}、7.5×10^{-9}、10.0×10^{-9}。

3.4.6.4　分析条件

（1）气相色谱-质谱仪参考条件

毛细管色谱柱：HP-1 $50.0 \text{m} \times 320 \mu \text{m} \times 1.05 \mu \text{m}$。

柱温 35℃（5min），以 5℃/min 速率升温至 150℃，再以 15℃/min 速率升温至 220℃（2min）；流速 1.5mL/min；进样口扫描温度 230℃；分流进样，分流比 5:1。质谱条件：离子源为 EI；扫描方式为全扫描模式；质量扫描范围 35～300amu。

（2）苏码罐预浓缩仪（7100A　Preconcentrator）

参考条件如表 3-5 所列。

表 3-5　苏码罐预浓缩仪参考条件

模块	捕集阱	阱温 /℃	预热温度 /℃	解析温度 /℃	烘烤温度 /℃	烘烤时间 /min
1	玻璃珠	−150	20	20	130	5
2	Tenax	−50	—	180	190	5
3	冷聚焦	−150	—	50～70	50～70	2

其他参数：模块 2 解析时间为 3.5min；模块 3 注射时间为 2min。

3.4.6.5　测定

（1）定性分析

比较样品组分与标样保留时间的吻合性，同时根据目标物的特征离子峰进行定性。

（2）定量分析

① 外标法定量　配置至少 5 个浓度水平的标准系列，将峰面积和浓度做线性回归，相关系数应达到 0.99 以上。

② 工作曲线法　空气中挥发性有机物浓度计算公式为：

$$C = \frac{C_i \times \frac{400}{V_1} \times M}{22.4}$$

式中　C——空气中目标物浓度，$\mu g / m^3$；

　　　C_i——通过工作曲线计算的样品浓度值（按体积计），10^{-9}；

　　　V_1——进样量，mL；

　　　M——相应物质的分子量。

③ 单点法　空气中挥发性有机物浓度计算公式为：

$$C = \frac{C_s \times \frac{A_i}{A_s} \times \frac{400}{V_1} \times M}{22.4}$$

式中　A_i——样品峰面积；

　　　A_s——标样峰面积；

　　　C_s——标样浓度（按体积计），$\times 10^{-9}$；

　　　V_1——进样量，mL。

④ 内标法定量　根据校准系列标准和内标物中目标化合物的响应信号，可以计算不同物质的校正因子。

$$RRF_x = \frac{A_x C_{is}}{C_x A_{is}}$$

式中　RRF_x——目标化合物的相对校正因子；

　　　A_x——目标化合物的峰面积；

　　　C_x——目标化合物的浓度（按体积计），10^{-9}；

　　　A_{is}——内标物的峰面积；

　　　C_{is}——内标物的浓度（按体积计），10^{-9}。

⑤ 空气中挥发性有机物的分析浓度物　根据以上得出的校正因子，计算目标物质浓度，计算公式如下：

$$C = \frac{\frac{A_x C_{is}}{A_{is} RRFx} \times \frac{400}{V_1} \times M}{22.4}$$

对于非目标挥发性有机物，应使用气相色谱-质谱进行定性分析及半定量分析，被定性的物质使用甲苯作为内标，采用全扫描离子方式进行积分后，根据被定性物质的峰面积与标准系列中甲苯的峰面积比半定量计算定性物质浓度。原则上应该对每一个特征色谱峰进行物质定性及结构判别，无法确认的主要物质也可以借助其他仪器设备进行辅助结构判定。

3.4.6.6 挥发性有机物标准色谱图

图 3-4 为空气中挥发性有机物标准总离子流色谱图，其中各峰所代表的有机物及保留时间依次为：丙烯（2.90min）；二氯二氟甲烷（3.02min）；氯甲烷（3.13min）；1,1,2,2 四氟-1,2-二氯乙烷（3.21min）；氯乙烯（3.29min）；1,3-丁二烯（3.39min）；溴甲烷（3.58min）；氯乙烷（3.71min）；溴代乙烯（3.97min）；丙酮（4.26min）；三氯氟甲烷（4.29min）；异丙醇（4.61min）；1,1-二氯乙烯（4.82min）；二氯甲烷（4.93min）；3-氯-1-丙烯（5.05min）；二硫化碳（5.19min）；三氯三氟乙烷（5.20min）；反-1,2-二氯乙烯（5.84min）；1,1-二氯乙烷（6.05min）；甲基叔丁基醚（6.21min）；乙烯乙酸酯（6.26min）；甲基乙基酮（6.58min）；顺-1,2-二氯乙烯（6.97min）；n-正己烷（7.26min）；氯仿（7.33min）；乙酸乙酯（7.36min）；四氢呋喃（7.91min）；1,2-二氯乙烷（8.22min）；1,1,1-三氯乙烷（8.54min）；四氯化碳（9.34min）；苯（9.14min）；环己烷（9.51min）；1,2-二氯丙烷（10.29min）；一溴二氯甲烷（10.56min）；三氯乙烯（10.64min）；二氧杂环己烷（10.69min）；2,2,4-三甲基戊烷（10.76min）；n-庚烷（11.19min）；顺-1,3-二氯丙烯（11.97min）；甲基异丁基酮（12.20min）；反-1,3-二氯丙烯

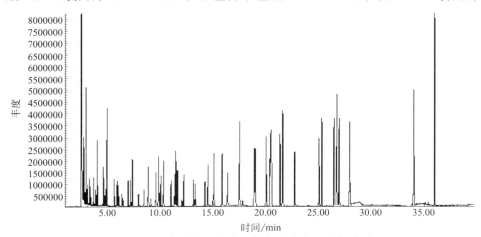

图 3-4 空气中挥发性有机物标准总离子流色谱图

（12.82min）；1,1,2-三氯乙烷（13.05min）；甲苯（13.51min）；甲基丁基酮（14.23min）；二溴一氯甲烷（14.15min）；1,2-二溴乙烷（14.56min）；四氯乙烯（15.42min）；氯苯（16.63min）；乙苯（17.44min）；溴仿（17.75min）；对＋间二甲苯（17.78min）；苯乙烯（18.45min）；1,1,2,2-四氯乙烷（18.63min）；邻二甲苯（18.65min）；4-乙基甲苯（21.36min）；1,3,5-三甲苯（21.56min）；1,2,4-三甲苯（22.48min）；1,3-二氯苯、苄基氯（22.71mm）；1,4-二氯苯（22.88min）；1,2-二氯苯（23.69min）；1,2,4-三氯苯（28.45min）；六氯-1,3-丁二烯（29.72min）。

3.4.7 计算

挥发性有机物的测定采用内标法进行定量，定量计算地表水空气中挥发性有机物的含量，结果以 mg/m^3 表示。

当测定结果＜$1mg/m^3$ 时，保留小数点后 3 位；当计算结果≥$1mg/m^3$ 时，保留 3 位有效数字。

3.4.8 质控措施

（1）仪器性能检查

在每天分析之前，GC/MS 系统必须进行仪器性能检查。进 $2\mu L$ 质谱调谐溶液 BFB，GC/MS 系统得到的 BFB 的关键离子丰度应满足表 3-6 中规定的标准，否则需对质谱仪的一些参数进行调整或清洗离子源。

表 3-6 溴氟苯（BFB）离子丰度标准

质荷比	离子丰度标准	质荷比	离子丰度标准
95	基峰,100％相对丰度	175	质量 174 的 5％～9％
96	质量 95 的 5％～9％	176	质量 174 的 95％～105％
173	小于质量 174 的 2％	177	质量 176 的 5％～10％
174	小于质量 95 的 50％		

（2）初始校准

各目标物的校准曲线相关系数≥0.990。

（3）连续校准

每测定 20 个样品测定一个校准曲线中间点浓度的标气，测定值与校准曲线该点浓度的相对误差应≤20％，否则应建立新的标准曲线。

（4）样品

① 空白实验　每批样品（以 20 个样品为一批次）需要至少分析一个实验室空白。

空白实验分析结果应满足如下任一条件的最大者：a. 目标物浓度小于方法检出限；b. 目标物浓度小于相关环保标准限值的 5％；c. 目标物浓度小于样品分析结果的 5％。

如不能满足，需重新更换试剂，清洗分析器具，重新调整分析仪器。

② 平行样　每批次样品（最多 20 个）应至少选择一个样品进行平行样测试，目标物平行样分析结果相对偏差应≤30％。

3.5 气相色谱-质谱/嗅辨法同步分析地表水中特征异味物质

近年来，随着世界范围内水环境质量的下降，地表水的异味事件经常发生，引起了人们的广泛注意[33,34]。一般来说，地表水异味主要有天然异味和人为异味两大来源；前者主要由水中生物如藻类、微生物引起，后者主要由工业废水或生活污水直接排入水体引起[35]。如引起地表水源湖泊和水库发生异味的藻类和放线菌生长代谢过程中分泌的土味素和 2-甲基异冰片[36] 就属于天然异味源。人为异味来源非常广泛，美国加州大学 Suffet 教授基于前人的研究工作绘制出气味轮位图[3]，并列出一些常见异味物质。其他特征异味来源及其检测技术也有文献报道[37~39]。前人工作很多关注在挥发性有机物的影响上，但在地表水异味事件处置过程中，大量致味物质并非来源于挥发性有机物或受到常见致味物质的影响，而是一些含量在 μg/L 级甚至 ng/L 级别以下、来源于工业废水的排放或者人为源排放物质在水体分解代谢后产物引起的，且种类繁多，虽经实验室分析检出大量有机物，但无法明确究竟是哪一种或几种物质是水体异味的真正产生源。

嗅辨仪与质谱联用技术结合了质谱定性定量与人体嗅辨同步检测的优点，在食品分析[40]、香精香料生产[41]、白酒鉴别[42] 以及饮用水异味嗅辨[43] 中应用较广。近年来，该联用技术在环境领域也日益得到应用。Agus 等[44] 利用该技术对由城市污水经多级处理而来的饮用水中的异味物质进行了鉴别研究，仍能检测出 2,4,6-三氯苯甲醚、土臭素等异味物质。其他应用如废水处理、垃圾填埋渗滤液等有异味排放领域的研究[45,46] 也在逐年增加，但对于地表水中异味物质的定性定量及鉴别方法的有效建立很少有报道。

为研究地表水中的特征性有机污染物及其中的异味物质，特别是在地表水异味污染事件的应急处置中探查引起水体的主要致味物质非常重要。该方法选择具有代表性的水源地采集水样样品，初步建立地表水中硝基芳烃类、氯苯类、多环芳烃类、农药类等半挥发性主要致味有机物质的气相色谱-质谱/嗅辨同步方法来实现实验室定性分析与人体嗅辨相结合的检测鉴别体系，以拓宽现有环境监测技术，促进仪器定性定量分析与人体嗅觉测试方法相关性研究。

3.5.1 实验仪器

气相色谱-质谱联用仪：Agilent 7890B-5977A。

嗅辨仪：Sniffer 9000 Syste，配自动降温补湿功能。

全自动固相萃取仪：Dionex Autotrace280 SPE。

超纯水系统：Milli-Q，Millipore。

旋转蒸发仪：Buchi R-114。

氮吹仪：Organomation。

3.5.2 实验试剂

甲醇、二氯甲烷：农残级，J. T. Baker。

无水硫酸钠：Merck Drug&Biotechnology。

HLB柱：乙烯吡咯烷酮/二乙烯苯聚合物，500mg，Waters。

C18柱：硅胶键合C18，400mg，Waters。

12种异味标准物质［乙酸丁酯、戊酸乙酯、环己酮、苯甲醛、α-蒎烯、D-柠檬烯、苯乙酸甲酯、（＋）异薄荷醇、香茅醇、β-月桂烯，α-紫罗兰酮，香豆素］：Sniffer，100mg/L。

27种半挥发性有机物标准物质：500mg/L，J&K AccuStandard。

氘代内标物质菲-D10：2000mg/L，J&K AccuStandard。

3.5.3 仪器条件

气相色谱条件：DB-5MS色谱柱（30m×0.25mm×0.25μm）；初始柱温40℃，以5℃/min速率升温至100℃，停留0min，再以10℃/min速率升温至310℃，保持3min；进样口温度300℃；不分流进样，由于色谱分离后1/2物质分流进入嗅辨仪，为增大灵敏度，将液体进样量提高至2μL，溶剂延迟

7min；载气为氦气，1.2mL/min。

质谱条件：EI电离源，离子源温度230℃，电子能量70eV，传输线温度300℃，质量扫描范围（m/z）：30～500amu。

嗅辨仪条件：传输线温度200℃，自动降温补湿水蒸气流速50mL/min。

3.5.4 同步分析方法原理

取2μL大体积固相萃取富集后地表水样品（见图4-7半挥发性有机物前处理实验流程）进入气相色谱进行毛细管色谱分离，分离后样品经三通1/2进入质谱定性定量分析，另外1/2由一定长度的空毛细管引入嗅辨仪。分析人员在观察色谱峰的同时，由嗅辨仪喇叭口同步进行人工嗅辨，记录色谱出峰时间、异味时间及异味特征。为保证嗅辨效果，在人工嗅辨前，控制嗅辨仪传输线温度为200℃，水蒸气流速在50mL/min左右，对色谱分离后高温样品气进行加湿、降温，以模拟实际环境条件，增强异味的可比性。样品分析完成后，将质谱定性结果、嗅辨同步检验结果和原始水样异味结果相比较，得出水质异味的可能主要致味物质。

3.5.5 异味标准物质定性识别

为提高检测结果的准确性，嗅辨人员在样品检测前需要进行异味识别。在选定的色谱条件下，对5.0mg/L的异味混标进行仪器定性分析和嗅辨同步检验。图3-5可以看出气相色谱能对异味混标中的各物质进行有效的分离。表3-7列出了不同异味标准物质在气相色谱/质谱中的定性结果、出峰时间，以及嗅辨时间和鉴定气味。由表3-7可知同一物质嗅辨时间较色谱保留时间延迟0.1min左右，可能和分流后辅助加湿导致样品峰在毛细管中运行距离加长有关，也和人体嗅辨后反应延迟有关，但在实际水样测定中可以用修正值进行补偿。

表 3-7 异味标准物质质谱定性及嗅辨结果

质谱保留时间/min	定性物质	嗅辨时间/min	嗅辨气味鉴定
16.15	乙酸丁酯	16.24	果香
17.90	戊酸乙酯	17.98	苹果香
18.72	环己酮	18.82	泥土气息
19.20	苯甲醛	19.29	苦杏仁味
19.68	α-蒎烯	19.79	松木,树脂香
20.23	D-柠檬烯	20.35	橘子味

续表

质谱保留时间/min	定性物质	嗅辨时间/min	嗅辨气味鉴定
22.79	苯乙酸甲酯	22.88	蜂蜜香甜味
23.01	(＋)异薄荷醇	23.12	清凉,薄荷香
23.22	香茅醇	23.32	甜玫瑰香
23.82	β-月桂烯	23.94	清淡的香脂香气
25.19	α-紫罗兰酮	25.30	紫罗兰味
26.84	香豆素	26.95	芳香

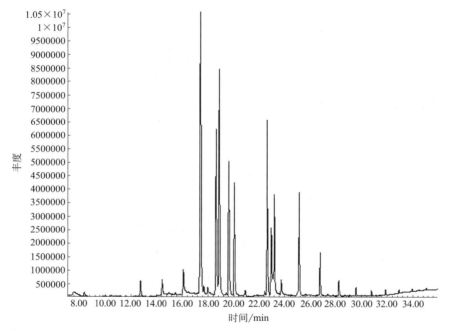

图 3-5 异味混标总离子流色谱图

3.5.6 环境人为源标准物质半定量初步识别

为了解人为源对地表水异味的影响,初步建立人体嗅辨与气相色谱质谱同步分析定性定量技术,参照《地表水环境质量标准》(GB 3838—2002)及文献[47],将 $5.0\mu g$ 的 27 种优控半挥发性有机物标准添加至 16L 地表水样品中进行基体加标试验,制备成 $0.312\mu g/L$ 的基体加标水样,采用前述大体积固相萃取进行富集,浓缩,加入 $1.0\mu g$ 内标定容至 $1.0mL$,进行气相色谱-质谱与嗅辨同步分析,结果如表 3-8 所列。根据内标与标准物质的峰面积比及精

确加入的内标量，计算出该富集方法的加标回收率在 73.3%～106.2% 之间，
方法性能符合质量控制要求。由表 3-8 可知，苯酚、1,3,5-三氯苯、六氯苯、

表 3-8　0.312μg/L 地表水优控半挥发性有机物异味定量分析结果

类别	物质	标准品气味（文献值）	异味气味	基体加标回收率/%
地表水环境质量标准优控半挥发性有机物	苯酚	墨水味	未能识别	82.00
	苯胺	刺激性气味,油墨味	微氨味	76.60
	硝基苯	苦杏仁味	坚果味	81.20
	1,2,3-三氯苯	特殊气味,芳香味,刺鼻油漆味	油漆味	73.30
	2,4-二氯苯酚	特殊臭味	刺激性气味	81.30
	1,2,4-三氯苯	特殊气味,芳香味,刺鼻油漆味	油漆味	76.70
	1,3,5-三氯苯	特殊气味,芳香味,刺鼻油漆味	未能识别	77.00
	3-硝基氯苯	苦杏仁味	烘烤味	76.30
	4-硝基氯苯	苦杏仁味	烘烤味	78.40
	2-硝基氯苯	苦杏仁味	烘烤味	76.90
	1,2,3,5-四氯苯	令人不愉快的气味	略刺激性气味	73.80
	1,2,4,5-四氯苯	令人不愉快的气味	略刺激性气味	76.30
	2,4,6-三氯苯酚	强烈的苯酚气味	刺激性气味	81.80
	1,2,3,4-四氯苯	令人不愉快的气味	略刺激性气味	73.60
	1,4-二硝基苯	刺鼻气味	刺激性气味	88.10
	1,3-二硝基苯	刺鼻气味	刺激性气味	83.80
	2,4-二硝基甲苯	刺激性气味	微烘烤味,芳烃味	82.30
	2,4-二硝基氯苯	苦杏仁味	坚果味	93.70
	2,4,6-三硝基甲苯	刺激性气味	微烘烤味,芳烃味	81.40
	六氯苯	略有香气	未能识别	75.20
	阿特拉津	刺激性气味	未能识别	80.20
	五氯酚	苯味,辛辣异味	微臭	89.00
	邻苯二甲酸二丁酯	稍有芳香味	微甜味	102.60
	邻苯二甲酸二(2-乙基己)酯	特殊气味,芳香味,刺鼻油漆味	未能识别	106.20
	苯并[a]芘	芳香味	芳烃味	96.40
	溴氰菊酯	无味	未能识别	102.90
其他主要定性检出物质	二叔丁基苯酚	墨水味	苯酚臭味	—
	雪松醇	杉木芳香味	芳香味	—
	直链及支链烷烃类物质	特殊气味	焦味	—

阿特拉津、邻苯二甲酸二(2-乙基己)酯和溴氰菊酯等物质可能由于组分在毛细管柱分离后仍未能达到足够的时间间隔导致嗅辨时间与邻近组分产生嗅觉干扰或掩盖，或因组分浓缩后的浓度仍低于其异味阈值等因素而未能被有效辨别，其他物质包括痕量的硝基苯类、氯苯类、多环芳烃类物质经浓缩后可以明显被嗅辨出来，异味气味与文献标识纯物质气味类似度较高。因此，该方法为定量鉴别水中异味物质提供了一定的参考，但受有机物色谱分离效果、相邻致味物质气味的差异性、个体嗅觉灵敏度的差异及致味物质阈值的影响，建立不同异味物质的定量限仍需开展大量的试验。

3.5.7 注意事项

① 本实验建立了大体积固相萃取-气相色谱-质谱/嗅辨同步分析方法。此方法实现实验室分析与人体嗅觉相结合的检测鉴别体系，实现了地表水样品中有机污染物的检测，通过质谱定性结果、异味同步检验结果和原始水样嗅辨结果相比较，可得出水质异味的可能主要致味物质。该检测体系可以用于地表水样品主要致味物质的鉴别，对污染事故异味物质的判定及溯源有较强的指导意义，也为环境事故应急监测提供了一种新思路。但由于地表水污染物种类繁多、不同物质特征气味的差异、不同气味间的协同或拮抗作用、大体积浓缩其检出限可能仍低于其异味阈值等因素干扰，气相色谱质谱/异味同步定性检出物质的气味与原始水样异味无法做到一一对应。另外，在嗅辨过程中，由于各异味物质气味强弱受异味阈值及韦伯-费希纳定律 $I = K \lg C$ 影响与物质在水体中的浓度不存在线性关系，致味物质不一定为水中的主要污染物。

② 原则上应该对每一个特征色谱峰或进行嗅辨有异常的物质进行物质定性及结构判别。无法确认的主要致味物质也可以借助其他仪器设备，如高分辨飞行时间质谱等仪器设备进行辅助结构判定。

3.6 固相微萃取-气质联用定性测定水质中极性物质

水体中的小分子醇类、胺类、醛类、酸类等极性小分子物质很难用常规方法进行提取、净化，本方法使用极性较强的固相微萃取小柱吸附水样中的极性有机物，再利用气相色谱质谱进行定性分析。

3.6.1　方法原理

水中极性物质通过固相微萃取预处理后，经气相色谱分离，用质谱仪进行定性分析。

3.6.2　干扰及消除

每次分析完后要对固相萃取针进行烘烤，以消除残留带来的干扰。

3.6.3　方法的适用范围

适用于地表水和干净水体中极性物质的定性。

3.6.4　仪器

（1）固相微萃取装置

最好带自动进样功能。

（2）气相色谱质谱

气相色谱部分具有分流/不分流进样口，可程序升温。质谱部分具有电子轰击电离（EI）源。

（3）固相微萃取头

$60\mu mPEG$。

3.6.5　试剂

除非另有说明，分析时均使用符合国家标准的分析纯试剂。

（1）实验用水

二次蒸馏水或纯水设备制备的水。使用前需经过空白试验检验，确认在目标化合物的保留时间区间内没有干扰色谱峰出现或其中的目标化合物低于方法检出限。

（2）氦气

纯度≥99.999％。

3.6.6　步骤

（1）样品采集

地表水样品采集参照《地表水和污水监测技术规范》（HJ/T 91—2002）

的相关规定执行。所有样品均采集平行双样，每批样品应带一个全程序空白和一个运输空白。

采集样品时应使水样在样品中溢流而不留空间。取样时应尽量避免或减少样品在空气中暴露。

（2）样品保存

采集后的样品在4℃以下保存，尽快分析。

（3）分析条件

① 固相微萃取参考条件　预热时间60s；萃取温度80℃；预热搅拌速率250r/min；打开搅拌器的时间10s；关闭搅拌器的时间0s；瓶渗透31μm；萃取时间1200s；注射渗透54μm；脱附时间180s；过柱时间900s；气相运行时间60s。

② 气相色谱参考条件　气相条件。

进样口：240℃，无分流。

柱子：DB-5MS 30m×250μm×0.25μm。

载气：He，1.2mL/min。

柱温：起始温度50℃，以10℃/min速率升温到150℃，再以15℃/min速率升温到290℃，保持1.0min。

Aux：250℃。

③ 质谱参考条件　离子源为EI；离子源温度230℃；接口温度250℃；离子化能量70eV；扫描方式为全扫描方式，范围35～650amu。溶剂延迟2min。

④ 样品分析　将固相微萃取头没入样品瓶中，富集一段时间后将萃取头转入气相色谱进样口进行热解析，再经色谱分离及质谱分析得出样品的总离子流色谱图。

⑤ 定性　由于强极性物质在纯水制备过程中很难去除，实验室空白样品色谱峰中会出现较多的杂峰，因此在定性分析时需要根据实验室空白及样品色谱峰强度的大小判断是否存在某一类污染物。判别后再根据目标物与标准质谱图的特征离子丰度比相比较进行定性。

3.6.7　质控措施

（1）仪器性能检查

在每天分析之前，GC/MS系统必须进行仪器性能检查。进2μL质谱调谐溶液BFB，GC/MS系统得到的BFB的关键离子丰度应满足表3-9中规定的标准，否则需对质谱仪的一些参数进行调整或清洗离子源。

表 3-9　溴氟苯（BFB）离子丰度标准

质荷比	离子丰度标准	质荷比	离子丰度标准
95	基峰，100％相对丰度	175	质量 174 的 5％～9％
96	质量 95 的 5％～9％	176	质量 174 的 95％～105％
173	小于质量 174 的 2％	177	质量 176 的 5％～10％
174	小于质量 95 的 50％		

（2）空白实验

每批样品（以 20 个样品为一批次）需要至少分析一个实验室空白。

3.7　APGC-QTOF 测定地表水中的特征性有机污染物

大气压气相色谱-四极杆飞行时间质谱（atmospheric pressure gas chromatography coupled with quadrupole-time-of-flight，APGC-QTOF）是一种新型技术。该技术将 APGC 作为电离源，物质在大气压下经 GC 分离后电离主要产生 M·$^+$ 或 [M＋H]$^+$，碎裂程度极低，产生的碎片少，提高 QTOF 的灵敏度。QTOF 不仅具有质量范围宽、扫描速度快、全扫描模式下灵敏度高的优点，又可提供母离子和大量的多级碎片离子及其精确分子量以及元素组成供结构鉴定。目前，APGC-QTOF 在持久性有机污染物如二噁英、食品及农药残留上均有报道，但对地表水中有机物的测定的研究较少。本实验建立大体积固相萃取-大气压气相色谱-四极杆飞行时间质谱联用法测定地表水中 64 种半挥发性有机物，并建立相应的 APGC-QTOF 谱库。

3.7.1　实验仪器

气相色谱：Agilent 7890A。

四极杆飞行时间质谱：Waters Xevo G2 QTof。

全自动固相萃取仪：Dionex Autotrace280 SPE。

超纯水系统：Milli-Q，Millipore。

旋转蒸发仪：Buchi R-114。

氮吹仪：Organomation。

3.7.2 实验试剂

甲醇、二氯甲烷：农残级，J. T. Baker。

无水硫酸钠：Merck Drug&Biotechnology。

HLB柱：乙烯吡咯烷酮/二乙烯苯聚合物，500mg，Waters。

C18柱：硅胶键合C18，400mg，Waters。

64种半挥发性有机物标准物质：500mg/L，J&K AccuStandard。

氘代内标物质：1,4-二氯苯-D4，萘-D8，苊-D10，菲-D10，䓛-D12，苝-D12为2000mg/L，J&K AccuStandard。

64种半挥发性有机物标准溶液使用前用二氯甲烷配置成50mg/L工作使用溶液，内标用二氯甲烷配置成100mg/L的工作使用溶液，并将64种半挥发性有机物进一步稀释配置成0.5mg/L、1.0mg/L、2.5mg/L、5mg/L、10mg/L的工作曲线标准溶液，各工作曲线浓度内标含量均为2.5mg/L。

3.7.3 仪器条件

气相色谱条件：DB-5MS色谱柱（30m×0.25mm×0.25μm）；初始柱温40℃，保留4min，以6℃/min速率升温到320℃，保留10min；进样口温度280℃；不分流进样，进样量1μL，溶剂延迟3min；载气为氦气，1.2mL/min。

质谱条件：API电离源，离子源温度150℃，传输线温度320℃，质量扫描范围（m/z）40～600amu。

3.7.4 结果与讨论

3.7.4.1 仪器条件的优化

（1）电离源的优化

QTOF质谱技术不仅具有质量范围宽、扫描速度快、全扫描模式下灵敏度高的优点，又可提供母离子和大量的多级碎片离子及其精确分子量以及元素组成供结构鉴定，从而能够实现复杂基质化合物的测定和鉴定，在复杂基质的样品的鉴定中具有广阔的应用前景。目前，GC-QTOF测定复杂基质中未知物时大多采用电子轰击的传统电离模式。这是一种相对较"硬"的电离技术，可产生较多的分析物碎片，因此会对仪器检测的选择性和灵敏度造成不良影响。而大气压气相色谱电离源（APGC）是一种"软"电离技术，它产生的碎片较少，从而提高了QTOF检测方法的灵敏度和选择性。图3-6(a)为1μg/L六氯

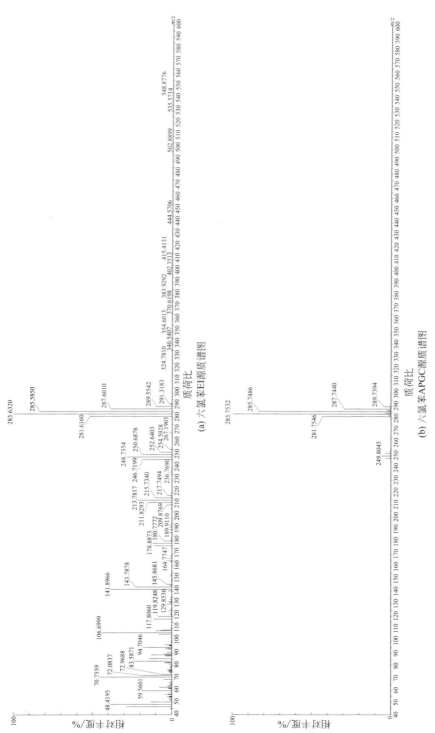

(a) 六氯苯EI源质谱图

(b) 六氯苯APGC源质谱图

图 3-6　六氯苯质谱图

苯标准物质在 EI 源轰击下得到的质谱图，图 3-6（b）为相同物质在 APGC 源轰击下得到的质谱图。从图 3-6（a）和图 3-6（b）中可以看出 APGC 软电离得到的分子离子碎片信息明显更为简洁，没有过多离子的干扰，对物质（尤其是未知物）分子量的判断更有利，同时相对较为简洁的碎片离子对于结构鉴定也有一定的帮助。

（2）其他仪器条件的优化

64 种半挥发性有机物性质差异较大，沸点为 170～350℃，在全扫描过程中很难将所有的物质分离，综合考虑选择较耐高温的 DB-5MS 色谱柱。目前在实验过程中发现载气的流速、锥孔气流速（cone gas）及辅助气流速（auxiliary gas）对于物质的分离、峰形等都有一定的影响。锥孔气流速指环绕样品锥孔的氮气流，可用于影响通过 APGC 电离室的气流。辅助气流速指进入 API 源的氮气流，用于吹扫源外壳，在源中使用修饰剂时影响会更大。载气流速过大造成组分分离不开，且会导致基线升高；载气流速过小导致色谱峰拖尾较为明显。

参考文献后本实验对 3 种锥孔气（cone gas）流速（20mL/min、50mL/min、100mL/min）进行对比，发现锥孔气流速对基线和物质响应强度有较大的影响。锥孔气流速为 20mL/min 时，基线高，明显产生漂移；锥孔气流速为 100mL/min 时，基线低但物质响应强度小。辅助气（auxiliary gas）流速过小的时候（如 100mL/min）会使后出峰的物质如苯并[b]荧蒽、苯并[k]荧蒽、苯并[a]芘等物质分离度较差；保护气过大的时候物质的响应强度较低。综合考虑各物质的分离水平、峰形及响应强度，本实验设定载气流速＝1.2mL/min，锥孔气流速＝50mL/min，辅助气流速＝300mL/min。将已配置好的 5mg/L 的 64 种半挥发性有机物标准品直接进 APGC-QTOF 分析，采用全扫描模式，采集总离子流图（total ion chromatogram，TIC），如图 3-7 所示。从图 3-7 中可以看出各物质分离良好且响应值也较高。

3.7.4.2　QTOF 质量窗口提取优势

QTOF 可以在全扫描总离子流图里对特征离子进行提取，通过窄质量窗口 0.02Da 提取的离子色谱图可以明显降低背景的干扰，提高信噪比（signalnoise ratio，S/N）与传统质谱相比该方法灵敏度高、基质干扰小，为化合物的鉴定提供可靠的依据。

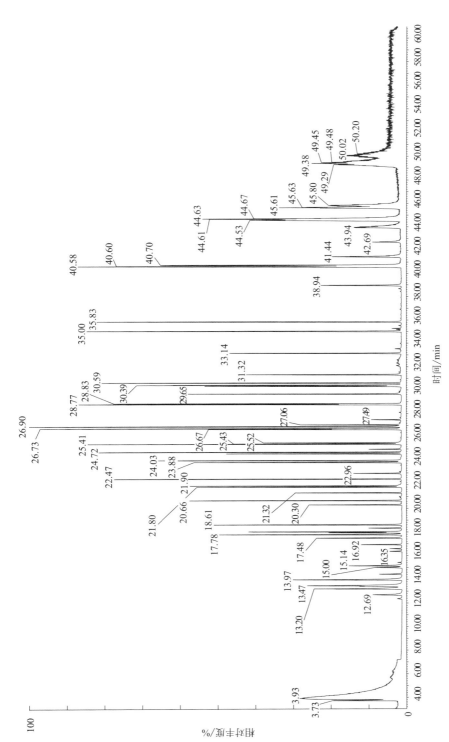

图3-7 64种半挥发性有机物总离子流图

图 3-8（a）为 64 种半挥发性有机物标准品在全扫描模式下采集信息得到的总离子流图结果；图 3-8（b）为保留时间为 17.78min 处的 1,2,4-三氯苯酚质

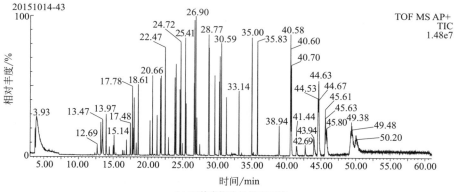

(a) 64种半挥发性总离子流

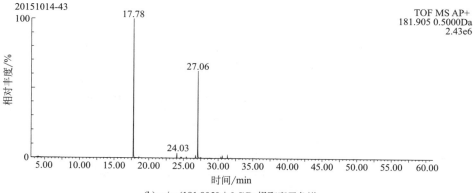

(b) m/z=(181.9050±0.5)Da提取离子色谱

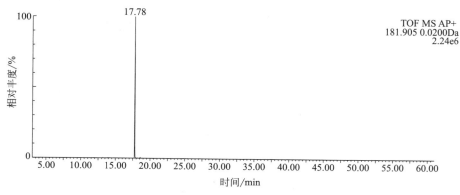

(c) m/z=(181.9050±0.02)Da提取离子色谱

图 3-8 特征离子色谱图

荷比 m/z 为 181.9050 碎片离子在 ±0.5Da 宽度下提取窗口得到的提取离子色谱图（extracted ion chromatogram，EIC）；图 3-9(c) 为 1,2,4-三氯苯酚质荷比 m/z 为 181.9050 离子碎片在 ±0.02Da 宽度下提取窗口得到的提取离子色谱图。图 3-8(b) 与图 3-8(a) 相比明显少了其他物质及基质的干扰，1,2,4-三氯苯酚离子色谱峰明显、峰形好，但由于提取离子较宽，其他与之质荷比相近的离子碎片也被提取出来。

3.7.4.3 APGC-QTOF 一级数据库的建立

选定优化后的仪器条件，64 种半挥发性有机物（SVOCs）在经气相色谱分离后经四级杆飞行时间质谱分析，在全扫描模式下进行离子信息采集。根据标准物质的色谱保留时间进行定性，得到每种半挥发性有机物的质谱图，建立每种物质碎片离子 TOF 全扫描模式下精确质量数的数据库，同时从每种 SVOC 中选择 3～5 个特征离子，根据其精确质量数建立 64 种 SVOCs 的定量方法。表 3-10 列出了 64 种 SVOCs 保留时间和部分碎片离子的精确质量数等信息。

表 3-10 64 种 SVOGs 保留时间及碎片离子精确质量数

物　　质	保留时间/min	离子-1	离子-2	离子-3
苯酚	12.36	95.0494	95.0559	96.0578
2-氯苯酚	12.69	128.0013	129.9973	131.0022
1,3 二氯苯	13.21	145.9614	147.9579	111.0021
1,4-二氯苯-D4	13.42	151.96	149.9854	153.9752
1,4-二氯苯	13.47	145.959	147.9579	111.0021
1,2-二氯苯	13.97	145.9614	147.9579	111.0021
2-甲基苯酚	13.44	107.0526	108.0604	109.0665
N-亚硝基二正丙胺	13.97	131.1000	——	——
4-甲基苯酚	15.01	107.0526	108.0604	109.0686
六氯乙烷	15.14	165.8582	163.8619	167.8533
硝基苯	15.43	123.0376	93.0474	107.0399
异佛尔酮	16.36	139.1061	140.1092	121.1000
2-硝基苯酚	16.59	139.0192	109.0323	81.0440
2,4-二甲基苯酚	16.93	122.0723	107.0526	121.0640
2,4-二氯苯酚	17.49	163.9457	161.9505	165.9425
1,2,4-三氯苯酚	17.78	181.9050	179.9101	183.9027
萘-D8	17.94	136.1087	137.1154	135.1010

续表

物 质	保留时间/min	离子-1	离子-2	离子-3
萘	18.02	128.0592	129.0659	—
4-氯苯胺	18.33	127.0172	129.0125	128.0222
六氯丁二烯	18.61	223.8061	222.8107	226.7804
4-氯-3-甲基苯酚	20.31	142.0117	107.0526	143.0080
2-甲基萘	20.67	142.0720	141.0625	143.0766
六氯环戊二烯	21.32	236.8021	238.7959	233.8041
2,4,6-三氯苯酚	21.81	195.8997	197.8977	199.8913
2,4,5-三氯苯酚	21.9	195.8997	197.8977	199.8913
2-氯萘	22.48	162.0104	163.0059	128.0592
2-硝基苯胺	22.96	138.0368	121.0393	108.0476
邻苯二甲酸二甲酯	23.88	163.0249	135.0392	133.0236
2,6-二硝基甲苯	23.01	165.0161	160.0970	166.0216
苊烯	23.03	152.0520	153.0576	165.0161
3-硝基苯胺	23.57	138.0368	92.0582	108.0476
苊-D10	23.61	163.1265	165.1318	162.1120
苊	23.73	153.0666	155.0738	153.0602
2,4-二硝基苯酚	23.99	168.0018	107.0166	183.9974
4-硝基苯酚	25.4	123.0303	109.0302	—
二苯并呋喃	25.42	168.0416	169.0455	—
2,4-二硝基甲苯	25.52	165.0161	119.0355	118.0287
邻苯二甲酸二乙酯	26.67	149.0149	150.0180	—
芴	26.73	166.0638	165.0556	167.0671
4-氯二苯醚	26.91	203.0050	205.9998	176.0184
4-硝基苯胺	26.91	138.0200	141.0625	—
4,6-二硝基-2-甲基苯酚	27.06	182.0099	121.028	199.0072
偶氮苯	27.5	183.0713	153.0666	183.0719
4-溴二苯醚	28.77	249.9371	247.9391	170.0551
五氯酚	29.66	265.7927	267.7876	263.7953
菲-D10	30.31	188.1185	189.1216	187.1125
菲	30.4	178.0599	179.0632	—

续表

物　质	保留时间/min	离子-1	离子-2	离子-3
蒽	30.6	178.0599	179.0632	—
咔唑	31.33	167.0565	168.0628	—
邻苯二甲酸二丁酯	33.14	149.0149	150.0180	—
荧蒽	35.01	202.0491	203.0536	203.0576
芘	35.84	202.0491	203.0536	203.0576
邻苯二甲酸丁苄酯	38.95	149.0149	150.0180	135.0391
苯并[a]蒽	40.58	228.0569	229.0621	230.0633
䓛-D12	40.61	240.1255	241.1315	239.1216
䓛	40.71	228.0569	229.0590	230.0633
邻苯二甲酸二(2-乙基己基)酯	41.45	149.0149	150.0180	—
邻苯二甲酸二正辛酯	43.94	149.0149	150.0155	—
苯并[b]荧蒽	43.54	252.047	253.0516	253.0550
苯并[k]荧蒽	43.63	252.047	253.0516	253.0550
苯并[a]芘	45.62	252.0503	253.0516	253.0550
茚并[1,2,3-cd]芘	49.29	276.0388	277.0424	278.0513
二苯[a,h]蒽	49.45	278.0547	279.0585	280.0573
苯并[g,h,i]芘	50.13	276.0388	277.0424	278.0513

3.7.4.4　精密度和线性相关

在仪器条件下将已配置好的 0.5mg/L 64 种 SVOCs 标准品连续进样 7 次，进行方法精密度及检出限试验。同时将配置好的浓度分别为 0.5mg/L、1.0mg/L、2.5mg/L、5mg/L、10mg/L 标准溶液进仪器分析，所测得的峰面积对浓度作图，得到对应的线性范围和线性相关系数 R^2。所有结果如表 3-11 所示。将本书第 4 章 4.1 处理的方法检出限样品用 APGC-QTOF 在给定条件测试，同种物质的检出限在全扫描模式下可以达到 0.25～1.3ng/L，明显低于 GC/MS 法选择离子操作模式下的方法检出限。因此，采用 APGC-QTOF 全扫描模对大体积富集水样分析，一方面可以对地表水中超痕量优控有机物污染物进行准确定量分析；另一方面还能够获得大量的扫描离子信息，为样品结构定性鉴定提供基础。

表 3-11 APGC-QTOF 对 64 种半挥发性有机物回归方程、相关系数、检出限及相对标准偏差

物 质	回归方程	相关系数	仪器检出限 /(μg/L)	RSD /%	方法检出限[①] /(ng/L)
苯酚	$y=0.222x+8.629$	0.9977	13.83	7.14	—
2-氯苯酚	$y=3.160x+145.8$	0.998	0.67	6.71	—
1,3-二氯苯	$y=9.994x+22.68$	0.9984	0.26	3.19	—
1,4-二氯苯	$y=11.37x+578.2$	0.9976	0.23	2.22	—
1,2-二氯苯	$y=11.75x+337.9$	0.9972	0.22	6.88	—
2-甲基苯酚	$y=1.426x+132.9$	0.9969	1.9	5.66	—
N-亚硝基二正丙胺	$y=0.011x+0.043$	0.9988	10.23	7.89	—
4-甲基苯酚	$y=1.535x+22.02$	0.999	1.68	7.23	—
六氯乙烷	$y=3.082x-76.01$	0.9984	0.39	5.78	—
硝基苯	$y=0.209x-2.917$	0.9985	13.2	5.04	1.1
异佛尔酮	$y=1.165x+35.13$	0.9975	1.38	7.27	—
2-硝基苯酚	$y=0.319x+5.412$	0.9974	6.28	3.67	—
2,4-二甲基苯酚	$y=0.604x+26.23$	0.998	3.37	3.39	—
2,4-二氯苯酚	$y=3.212x+189.4$	0.9983	0.57	5.66	—
1,2,4-三氯苯酚	$y=10.54x+198.2$	0.9975	0.16	3.53	—
萘	$y=13.01x+340.5$	0.9975	0.11	2.20	—
4-氯苯胺	$y=1.951x+93.45$	0.998	0.7	3.36	—
六氯丁二烯	$y=8.856x+67.66$	0.9971	1.67	3.91	—
4-氯-3-甲基苯酚	$y=3.325x-222.3$	0.9984	0.57	3.02	—
2-甲基萘	$y=10.06x-545.9$	0.9989	0.16	5.49	—
六氯环戊二烯	$y=3.589x-419.3$	0.9979	0.33	3.36	—
2,4,6-三氯苯酚	$y=8.019x-510.5$	0.9985	0.21	3.44	0.32
2,4,5-三氯苯酚	$y=8.094x-478.1$	0.9988	0.25	5.53	—
2-氯萘	$y=22.57x-1598$	0.9984	0.08	5.53	—
2-硝基苯胺	$y=1.531x-53.9$	0.999	1.46	3.60	—
邻苯二甲酸二甲酯	$y=22.75x-2316$	0.9978	0.12	5.94	—
2,6-二硝基甲苯	$y=3.914x-397.3$	0.9975	0.42	3.34	—
苊烯	$y=13.37x-633.2$	0.999	0.12	5.80	—
3-硝基苯胺	$y=0.726x-166.6$	0.9958	1.72	5.27	—
苊	$y=19.23x-1322$	0.9983	0.07	3.54	—
2,4-二硝基苯酚	$y=2.304x+8.275$	0.9992	13.5	3.52	—
4-硝基苯酚	$y=2.268x-153.9$	0.9985	13.35	3.57	—

物　　质	回归方程	相关系数	仪器检出限 /(μg/L)	RSD /%	方法检出限[①] /(ng/L)
二苯并呋喃	$y = 37.57x - 2952$	0.998	0.07	5.65	—
2,4-二硝基甲苯	$y = 3.584x - 423.3$	0.9978	0.47	5.03	0.47
邻苯二甲酸二乙酯	$y = 17.33x + 4583$	0.9951	1.75	5.05	—
芴	$y = 20.88x + 6153$	0.9963	0.06	5.93	—
4-氯二苯醚	$y = 16.75x + 4436$	0.9956	0.08	3.71	—
4,6-二硝基-2-甲基苯酚	$y = 3.386x + 1149$	0.9955	1.75	9.58	—
偶氮苯	$y = 1.621x + 473.7$	0.9949	1.72	6.67	—
4-溴二苯醚	$y = 10.40x + 2724$	0.9955	0.08	5.08	—
六氯苯	$y = 13.72x + 3603$	0.9949	0.2	5.08	0.25
五氯酚	$y = 5.745x + 1843$	0.9966	0.68	6.12	0.63
菲	$y = 35.03x + 9555$	0.995	0.04	6.51	—
蒽	$y = 25.50x + 6646$	0.9964	0.07	5.64	—
咔唑	$y = 18.90x + 4696$	0.9938	0.17	3.51	—
邻苯二甲酸二丁酯	$y = 25.60x + 6313$	0.9944	1.45	9.08	0.98
荧蒽	$y = 32.55x + 8716$	0.9954	0.04	5.66	—
芘	$y = 32.17x + 8522$	0.9957	0.04	6.47	—
邻苯二甲酸丁苄酯	$y = 15.36x - 1256$	0.9989	3.18	3.60	—
苯并[a]蒽	$y = 35.00x - 2771$	0.9992	0.09	3.40	—
䓛	$y = 43.97x - 3687$	0.9994	0.08	3.22	—
邻苯二甲酸二(2-乙基己基)酯	$y = 22.23x - 1900$	0.9992	3.27	5.18	1.3
邻苯二甲酸二正辛酯	$y = 25.72x - 2031$	0.9993	3.37	2.13	—
苯并[b]荧蒽	$y = 23.38x - 1708$	0.9994	0.43	3.87	—
苯并[k]荧蒽	$y = 62.29x - 5503$	0.9993	0.3	3.89	—
苯并[a]蒽	$y = 35.93x - 2940$	0.9993	0.67	6.60	—
茚并[1,2,3-c,d]芘	$y = 39.08x - 3293$	0.9992	1.16	6.37	—
二苯[a,h]蒽	$y = 46.74x - 3841$	0.999	1.01	6.60	—
苯并[g,h,i]芘	$y = 46.62x - 3893$	0.9994	1.2	6.28	—

① 方法检出限样品用量为 16L。

3.7.4.5　实际样品的测定

在相同的实验条件下，将本书 4.1 部分中处理好的 7 个地表水水样进 APGC-QTOF 分析。结果表明有多种物质被检出，例如图 3-9 和图 3-11 中可以看出某水样中保留时间在 16.35min、26.66min 处与标准品保留时间相同，图 3-10 和

地表水异味特征有机物质监测技术

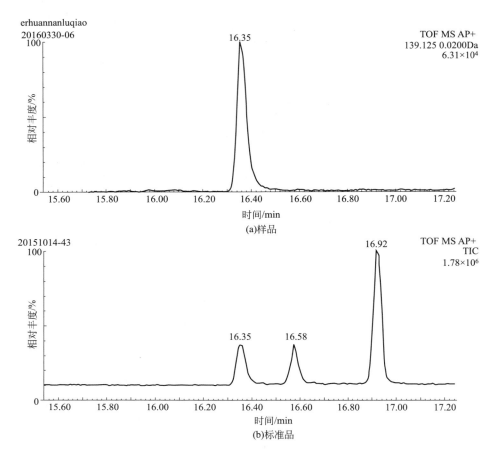

erhuannanluqiao
20160330-06

TOF MS AP+
139.125 0.0200Da
6.31×10⁴

(a)样品

20151014-43

TOF MS AP+
TIC
1.78×10⁶

(b)标准品

图 3-9　样品及标准品中异佛尔酮色谱图

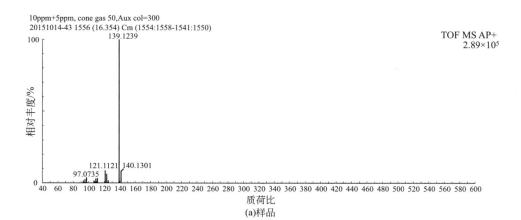

10ppm+5ppm, cone gas 50,Aux col=300
20151014-43 1556 (16.354) Cm (1554:1558-1541:1550)

TOF MS AP+
2.89×10⁵

(a)样品

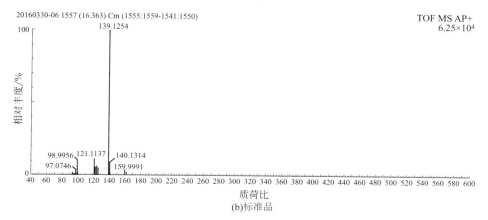

图 3-10　样品及标准品中异佛尔酮质谱图

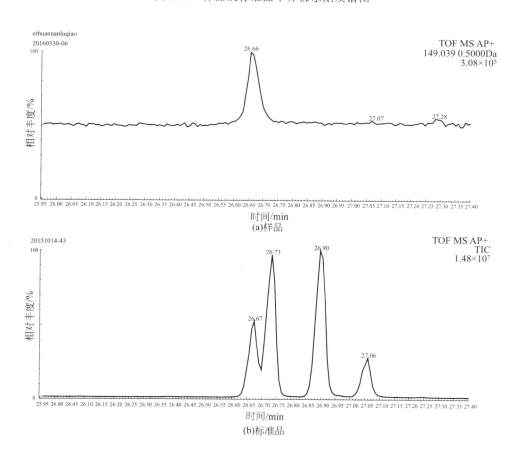

图 3-11　样品及标准品中邻苯二甲酸二乙酯色谱图

图 3-12 为物质对应的质谱图，图 3-10 中物质 3 个特征离子为 139.1254、140.1314、121.1137，图 3-12 中物质 2 个特征离子为 149.0387、150.0423，与标准品中物质对应的特征离子相对偏差均小于 15×10^{-6}，可以判断保留时间 16.35min、26.66min 的物质分别为异佛尔酮和邻苯二甲酸二乙酯。表 3-12 为 7 个地表水样具体定量结果。从表 3-12 中可以看出苯酚、硝基苯、邻苯二甲酸酯等多种物质被检出。点 E 检出化合物种类最多，且检出化合物总含量在 7 个点位中最高。

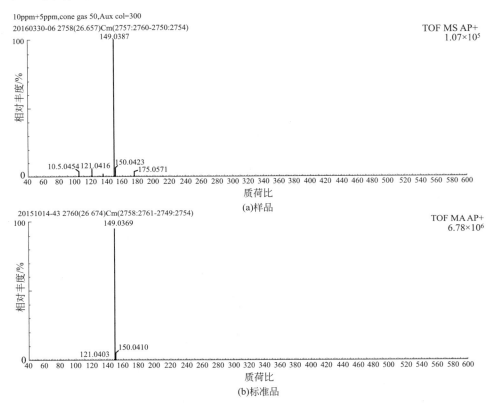

图 3-12　样品及标准品中苯二甲酸二乙酯质谱图

表 3-12　实际样品定量结果　　　　　　单位：ng/L

物　　质	A	B	C	D	E	F	G
苯酚	ND	28.1	31.2	48.3	7.94	59.5	15.4
3-氯苯酚	<5.0	<5.0	<5.0	<5.0	<5.0	<5.0	<5.0
1,3 二氯苯	<5.0	<5.0	<5.0	<5.0	11.6	<5.0	ND
1,4-二氯苯	<5.0	<5.0	<5.0	ND	19.7	<5.0	ND

续表

物　　质	A	B	C	D	E	F	G
1,2-二氯苯	<5.0	ND	<5.0	<5.0	42.9	<5.0	<5.0
3-甲基苯酚	<5.0	<5.0	<5.0	<5.0	<5.0	<5.0	<5.0
N-亚硝基二正丙胺	<5.0	<5.0	<5.0	<5.0	<5.0	ND	ND
4-甲基苯酚	<5.0	<5.0	<5.0	<5.0	<5.0	ND	ND
六氯乙烷	<5.0	<5.0	<5.0	<5.0	<5.0	<5.0	<5.0
硝基苯	31.2	ND	9.05	16.4	35.6	10.5	13.6
异佛尔酮	<5.0	<5.0	6.45	<5.0	17.7	8.99	ND
3-硝基苯酚	<5.0	<5.0	<5.0	<5.0	<5.0	<5.0	<5.0
2,4-二甲基苯酚	<5.0	<5.0	<5.0	<5.0	<5.0	ND	8.5
2,5-二氯苯酚	<5.0	<5.0	<5.0	<5.0	<5.0	<5.0	<5.0
1,2,4-三氯苯酚	7.01	<5.0	8.09	8.94	ND	<5.0	<5.0
萘	<5.0	<5.0	<5.0	<5.0	<5.0	<5.0	<5.0
4-氯苯胺	<5.0	<5.0	<5.0	<5.0	63.3	<5.0	<5.0
六氯丁二烯	13.5	<5.0	6.78	<5.0	<5.0	<5.0	<5.0
4-氯-3-甲基苯酚	<5.0	<5.0	ND	ND	ND	<5.0	<5.0
2-甲基萘	<5.0	ND	<5.0	13.4	<5.0	8.69	7.06
六氯环戊二烯	<5.0	<5.0	<5.0	<5.0	ND	<5.0	<5.0
2,4,6-三氯苯酚	<5.0	9.2	<5.0	<5.0	<5.0	<5.0	<5.0
2,4,5-三氯苯酚	<5.0	ND	<5.0	9.73	<5.0	<5.0	<5.0
2-氯萘	<5.0	15.6	ND	5.29	ND	<5.0	<5.0
2-硝基苯胺	ND	<5.0	<5.0	<5.0	<5.0	<5.0	<5.0
邻苯二甲酸二甲酯	97.1	148	126	87.2	36.1	118	163
2,6-二硝基甲苯	<5.0	ND	6.78	<5.0	<5.0	6.33	8.04
苊烯	<5.0	ND	ND	ND	<5.0	ND	ND
3-硝基苯胺	<5.0	8.9	<5.0	5.66	ND	<5.0	7.11
苊	<5.0	7.19	<5.0	<5.0	<5.0	<5.0	<5.0
2,4-二硝基苯酚	<5.0	<5.0	13.4	<5.0	<5.0	<5.0	ND
4-硝基苯酚	<5.0	<5.0	<5.0	ND	<5.0	<5.0	<5.0
二苯并呋喃	12.3	10.7	6.64	19.7	11.1	16.2	12.9
2,4-二硝基甲苯	<5.0	ND	7.24	6.5	<5.0	ND	<5.0
邻苯二甲酸二乙酯	23.7	51.4	33.8	21.2	22.3	125	89.4
芴	6.83	<5.0	<5.0	9.28	7.97	<5.0	<5.0
5-氯二苯醚	<5.0	<5.0	<5.0	<5.0	<5.0	<5.0	<5.0

续表

物　　　　质	A	B	C	D	E	F	G
4-硝基苯胺	ND	ND	<5.0	ND	<5.0	<5.0	<5.0
4,6-二硝基-2-甲基苯酚	<5.0	<5.0	<5.0	<5.0	15.9	13.3	5.89
偶氮苯	<5.0	<5.0	<5.0	<5.0	<5.0	9.23	<5.0
4-溴二苯醚	7.99	ND	6.79	7.18	<5.0	ND	<5.0
六氯苯	<5.0	<5.0	<5.0	<5.0	<5.0	<5.0	<5.0
五氯酚	<5.0	<5.0	<5.0	<5.0	<5.0	<5.0	<5.0
菲	<5.0	<5.0	<5.0	<5.0	<5.0	<5.0	<5.0
蒽	<5.0	ND	6.68	<5.0	<5.0	<5.0	<5.0
咔唑	<5.0	<5.0	<5.0	ND	<5.0	<5.0	<5.0
邻苯二甲酸二丁酯	125	194	<5.0	103	40.4	30.6	88.7
荧蒽	6.12	<5.0	<5.0	6.2	25.5	8.31	6.63
芘	11.4	<5.0	11.7	<5.0	13.9	9.19	5.22
邻苯二甲酸丁苄酯	<5.0	<5.0	6.3	<5.0	ND	<5.0	<5.0
苯并[a]蒽	<5.0	ND	<5.0	<5.0	<5.0	<5.0	<5.0
苉	<5.0	<5.0	<5.0	<5.0	<5.0	<5.0	<5.0
邻苯二甲酸二(2-乙基己)酯	163	137	127	136	121	62.3	55.3
邻苯二甲酸二正辛酯	ND	<5.0	<5.0	<5.0	<5.0	<5.0	<5.0
苯并[b]荧蒽	ND	ND	<5.0	<5.0	ND	<5.0	<5.0
苯并[k]荧蒽	ND	ND	<5.0	<5.0	<5.0	<5.0	<5.0
苯并[a]芘	11.5	ND	11.7	ND	<5.0	ND	<5.0
茚并[1,2,4-c,d]芘	<5.0	<5.0	<5.0	<5.0	ND	<5.0	<5.0
二苯[a,h]蒽	ND	<5.0	<5.0	ND	<5.0	<5.0	ND
苯并[g,h,i]苝	ND	<5.0	<5.0	<5.0	<5.0	<5.0	ND

注：ND表示未检出。

3.7.4.6　未知物质的鉴定

地表水中物质种类繁多，除定性定量测定的半挥发性有机物外可能存在其他物质。本书采用GC/MS对处理的地表水样品进行定性分析，根据物质的质谱图与NIST谱库进行对比，发现有金刚烷胺、金刚烷醇、3-三氟甲基苯胺、2-三氟甲基苯酚、2-(乙硫基）苯并噻唑、豆甾醇、胆固醇等物质的检出，与NIST谱库的匹配度达98％以上。由于EI源为一种硬电离技术所得质谱图离子碎片较多，分子离子峰或准分子离子峰不明显，导致部分未知物质定性较为困难。除上述检出物质外还有其他物质色谱峰明显但与NIST谱库的匹配度低于80％，分子离子峰或准分子离子峰不明显，无法准确定性该类物质。为确认这些未知物，采用APGC-QTOF在与GC/MS相同的仪器条件下对相同的地表水样品进行分析。例如图3-13(a)为GC/MS上某一未知物质EI源质谱

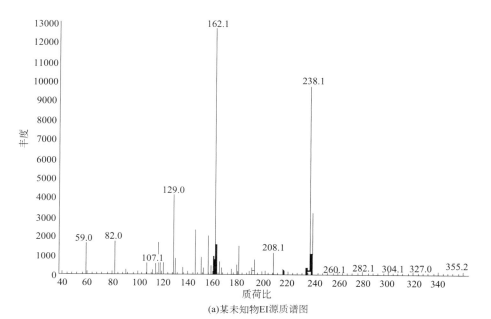

(a)某未知物EI源质谱图

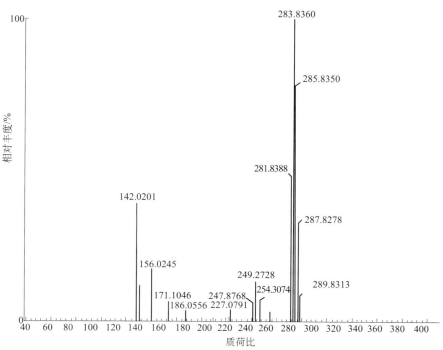

(b)某未知物APGC源质谱图

图 3-13　某未知物质谱图（一）

图，与 NIST 谱库对比得出该物质可能为异丙甲草胺，但匹配度低，且缺少分子离子峰 $m/z = 283.8360$，很难明确定性为该物质。在相同条件下采用 APGC-QTOF 分析，通过保留时间找到该未知物，图 3-13（b）为该物质的质谱图，从图中可以明显看出该物质分子离子峰 $m/z = 283.8360$，由此推断该

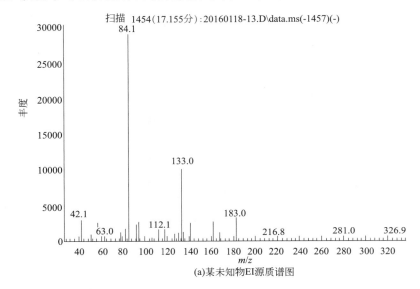

(a)某未知物EI源质谱图

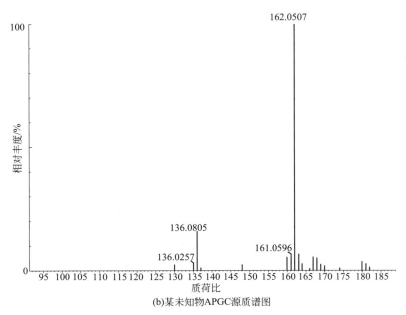

(b)某未知物APGC源质谱图

图 3-14　某未知物质谱图（二）

物质很可能为异丙甲草胺。图 3-14（a）某一未知物质 EI 源质谱图，通过 NIST 谱库得出该物质可能为烟碱，同样缺少分子离子峰 $m/z=162.0507$。图 3-14(b) 为该物质在 APGC 源下的质谱图，从图 3-14 中可以明显看出分子离子峰 $m/z=162.0507$，由此推断该物质很可能为烟碱。通过该方法继续推断出其他几种未知物很有可能为桉叶油醇、佳乐麝香、间醋氨酚、柠檬酸三乙酯等。

由于地表水中部分有机污染物含量极低，基质干扰较为严重，部分物质无法使用一级谱图准确定性，此时可以选择 QTOF 模式。首先人为选择某一离子碎片通过四级杆，经碰撞解离后再进入飞行时间质谱进行高分辨条件下的精确质量数采集。在碰撞中可以根据不同物质设定不同碰撞能量，使离子碎片信息得到优化，从而进一步降低基质及其他物质可能产生的干扰，提高物质结构确定准确度，通过准确质量数推断出未知物的结构，从而扩大物质的检测范围。但由于实验进度原因本书未做该类物质的二级解离。

第 **4** 章

地表水其他特征异味物质分析

本章列出了一些地表水中特征有机物的现代分析方法，包括利用固相萃取预富集技术分析地表水中痕量半挥发性有机物及氨基甲酸酯类农药，大体积搅拌棒吸附技术与热脱附-气相色谱质谱法联用测定地表水中多环芳烃、有机氯农药及多氯联苯，固相微萃取技术或磁性聚苯乙烯微球富集与气相色谱质谱联用测定水质中的酚类化合物、硝基化合物等，离子液体修饰磁性多壁碳纳米管的磁性固相萃取与液相色谱联用检测水样中的磺胺类药物等，以补充常规分析方法的不足。

4.1 地表水中半挥发性有机物和氨基甲酸酯农药的同步分析方法

在实际工作中，需要对地表水各污染物进行检测，为减少前处理的工作量，提高工作进度，结合实验室已经建立的地表水氨基甲酸酯类农药固相萃取富集-液相色谱串联质谱方法，采用 HLB 柱与 C18 柱串联对大量水样进行富集，使用不同溶剂进行洗脱，然后采用气相色谱-质谱法（GC-MS）和超高相液相色谱-串联质谱法（UPLC-MS/MS）分别对常规半挥发性有机物及氨基甲酸酯农药进行定性定量分析测定。

4.1.1 实验仪器

气相色谱-质谱联用仪：Shimadzu GC-MS-QP2010。

超高效液相色谱-串联质谱：WatersAquity/Premier。

大体积固相萃取仪：Dionex Autotrace280 SPE。

超纯水系统：Milli-Q，Millipore。

旋转蒸发仪：Buchi R-114。

氮吹仪：Organomation。

4.1.2 实验试剂

HLB 柱：乙烯吡咯烷酮/二乙烯苯聚合物，500mg，Waters。

AC-Ⅱ柱：活性炭，400mg，Waters。

NH_2 柱：硅胶键合丙基氨基，360mg，Waters。

C18 柱：硅胶键合 C18，400mg，Waters。

甲醇、二氯甲烷：农残级，J. T. Baker。

乙腈：液相色谱纯，Fisher。

甲酸：色谱纯，Tedia。

硫酸和氢氧化钠：国药集团化学试剂有限公司。

乙酸铵和无水硫酸钠：Merck Drug&Biotechnology。

15 种氨基甲酸酯类农药标准品（涕灭威、涕灭威砜、涕灭威亚砜、残杀威、甲萘威、羟基克百威、灭多威、甲硫威、仲丁威、恶虫威、抗蚜威、二氧威、克百威、猛杀威、杀线威）：100mg/L，J&K AccuStandard。

氨基甲酸酯类农药内标物质（甲萘威-D7 和灭多威-D3）：100mg/L，J&K AccuStandard。

27 种半挥发性有机物标准品：苯胺、苯酚、1,3,5-三氯苯、硝基苯、2,4-二氯苯酚、1,2,4-三氯苯、1,2,3-三氯苯、3-硝基氯苯、4-硝基氯苯、2-硝基氯苯、1,2,3,5-四氯苯、1,2,4,5-四氯苯、2,4,6-三氯苯酚、1,2,3,4-四氯苯、1,4-二硝基苯、1,3-二硝基苯、1,2-二硝基苯、2,4-二硝基甲苯、2,4-二硝基氯苯、六氯苯、阿特拉津、五氯酚、2,4,6-三硝基甲苯、邻苯二甲酸二丁酯、邻苯二甲酸二（2-乙基己）酯、苯并 [a] 芘、溴氰菊酯，500mg/L，J&K AccuStandard。

27 种半挥发性有机物内标（菲-D10）2000mg/L，J&K AccuStandard。

标准溶液配置：根据物质性质不同用甲醇或乙腈配置成 50mg/L 工作使用溶液，半挥发性有机物进一步稀释配置成 0.5mg/L、1.0mg/L、2.5mg/L、5mg/L、10mg/L 的工作曲线标准溶液，氨基甲酸酯类农药进一步稀释配制成 1.0μg/L、5.0μg/L、10.0μg/L、50.0μg/L、100μg/L 的工作曲线标准溶液。

4.1.3 前处理条件优化

（1）固相萃取柱的选择

由于地表水中有机物种类繁多，且各种物质的含量都很低。按照《地表水环境质量标准》(GB 3838—2002) 标准对地表水不同性能的半挥发性有机物进行日常检测时，包括多环芳烃类、硝基苯类、氯苯类、酞酸酯类等半挥发性有机物，有机氯农药、菊酯类农药、除草剂等，如完全独立测试不仅费时费力，且易于造成环境污染，如扩大到一些诸如氨基甲酸酯类农药的测定，前处理的工作量将非常大。因此，寻求一种既能涵盖极性范围非常宽的测试对象，又能有较高的灵敏度以满足地表水中超痕量物质的分析方法非常重要。通过已有的文献可知，HLB 固相萃取柱具有非常好的广谱性，吸附范围涵盖了非极性物质至强极性物质[48~50]。但在实际应用中，HLB 萃取柱对于极性非常弱的多环芳烃类、氯苯类物质吸附萃取效率并不高。为尽可能宽地扩大不同极性范围物质的吸附能力，减少前处理工作量，本实验采用复合柱来进行水样中物质的富集。以模拟水样为研究对象（5μg/L 的 1000mL 水样），对比了 3 种复合柱即 HLB 柱＋AC-Ⅱ串联柱、HLB 柱＋NH$_2$ 串联柱和 HLB 柱＋C18 串联柱对 27 种半挥发性有机物的萃取效果，结果如图 4-1 所示。由图 4-1 可知 HLB 柱＋C18 串联柱的萃取效果最好。一般来说，HLB 柱＋AC-Ⅱ活性炭串联柱的吸附效果最好，吸附范围最宽，但由于活性炭的强吸附能力致使分析对象洗脱效率较差，部分物质甚至未淋洗出；HLB 柱＋NH$_2$ 串联柱对于部分极性物质尤其胺类物质萃取效果最好，但对于部分极性较弱的物质萃取效果不佳；HLB 柱＋C18 串联柱萃取效果最佳，对于水中各种极性物质的都有较好的吸附能力，且易淋洗，故选择 HLB 柱＋C18 串联柱作为本实验的固相萃取柱。

（2）水样酸碱度的选择

半挥发性有机物种类众多，不同物质间适宜 pH 值条件差异较大。本方法选择 HLB 柱＋C18 串联柱，用 2mol/L H$_2$SO$_4$ 溶液和 2mol/L NaOH 溶液调节水样 pH 值分别为 2、4、7、10、12 进行对比实验，结果如图 4-2 所示。由

图可知，在 pH＝2、4 时苯胺回收率极低，仅为 3% 左右，而在 pH＝10、12
时回收率高，回收率最高可接近 100%。苯酚类物质在 pH＝10、12 时回收率
在 70% 左右，在中性条件 pH＝7 回收率为 80% 左右，酸性条件 pH＝2、4 时
回收率最高，可达 100% 左右。硝基苯类、氯苯类、邻苯二甲酸酯类、溴氰菊
酯在中性及弱酸性、弱碱性条件下回收率高。综合考虑所有物质，选择中性条
件，即 pH 值＝7 左右作为固相萃取的 pH 值范围。

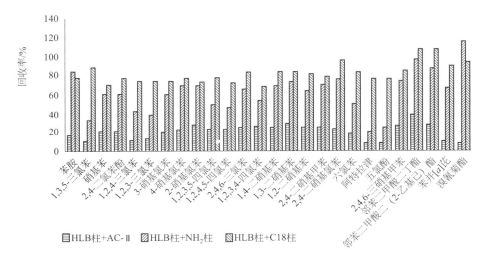

图 4-1　3 种串联柱对应的萃取效果

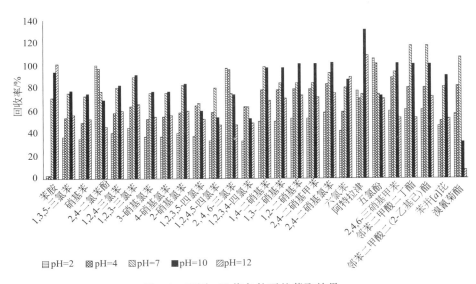

图 4-2　不同 pH 值条件下的萃取效果

（3）萃取速度的选择

固相萃取上样速度决定了 SPE 柱对待测物的吸附效率，较慢的上样速度可使待测物与 SPE 柱接触时间长，增大吸附效率，但同时延长了前处理时间。分别选择上样速度为 4mL/min、7mL/min、10mL/min 进行对比实验，结果如图 4-3 所示。由图 4-3 可知当上样速度为 4mL/min 时，回收率最高。

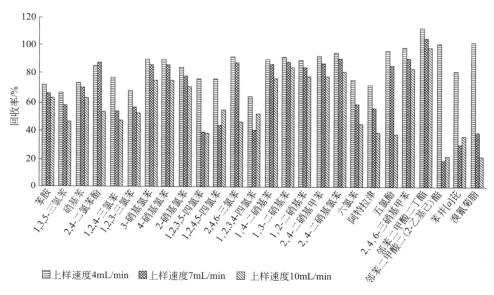

图 4-3　不同上样速度对应的萃取效果

（4）脱水方法的选择

由于 HLB 能吸附强极性物质，上样完成后大量的水还被吸附在萃取柱中，对后续的样品淋洗不利。为去除萃取柱中残留水分，常常用 20～30min 的氮吹法进行萃取柱干燥。但本书在多次实验后发现氮吹法干燥 SPE 柱对于挥发性较强的化合物的回收率会产生较大的影响，而使用较多的甲醇或丙酮脱水又对后续的样品淋洗及浓缩不利。本书研究了不同体积的甲醇脱水对洗脱效率的影响。由图 4-4 发现，上样完成后，分别添加 1.0mL、2.0mL、3.0mL 甲醇淋洗串联柱，发现当甲醇淋洗量为 3.0mL 时效果最佳。因为甲醇将 HLB 萃取柱中水分带出时，少量被同时带出的待分析物又被下端的 C18 柱重新吸附，所以甲醇用量增加时被带出的水分越多，对于后续的淋洗越有利，但甲醇超过一定的量后，回收率反而下降，可能和过量的甲醇将 C18 吸附的物质一并洗脱掉有关。

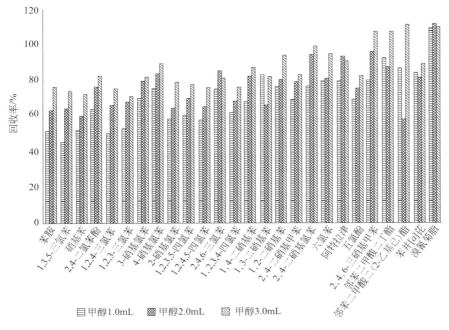

图 4-4 不同甲醇用量的萃取效果

（5）淋洗量的选择

甲醇脱水后用二氯甲烷作为洗脱剂，其淋洗量也大大影响了实验效率，淋
洗量过少则仍有待测物残留在固相萃取柱中，使得效率降低；淋洗量过多不仅
增加了实验时间而且会对环境产生危害。本实验分别用 10mL、20mL、30mL
的二氯甲烷淋洗 HLB 柱与 C18 柱，将两部分淋洗液收集，浓缩定容后进仪器
分析。由图 4-5 可以看出，当二氯甲烷用量为 10mL 时的淋洗效率明显低于
20mL 与 30mL 的淋洗效率，说明仍有大量待测物未被淋洗出。二氯甲烷用量
为 20mL 的淋洗效率与 30mL 的淋洗效率相当，为增大效率同时减少溶剂使用
量本书采用二氯甲烷为 20mL 的淋洗量。

（6）淋洗速度的选择

控制二氯甲烷的淋洗速度为 4mL/min、7mL/min、10mL/min，分别用
20mL 的二氯甲烷淋洗 HLB 柱与 C18 柱，结果见图 4-6 所示。由图中可知淋
洗速度为 4mL/min 与 7mL/min 的效率大致相同，但淋洗速度为 4mL/min 时
增加了实验时间，淋洗速度为 10mL/min 时对于邻苯二甲酸二丁酯、邻苯二
甲酸二（2-乙基己）酯、苯并 [a] 芘和溴氰菊酯的淋洗效果较差，故以

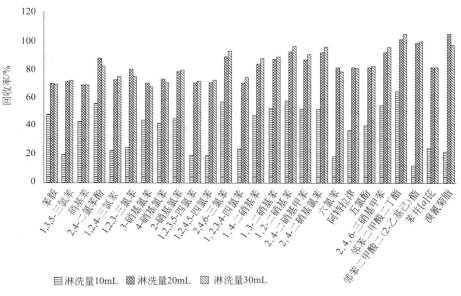

图 4-5　不同淋洗量的萃取效果

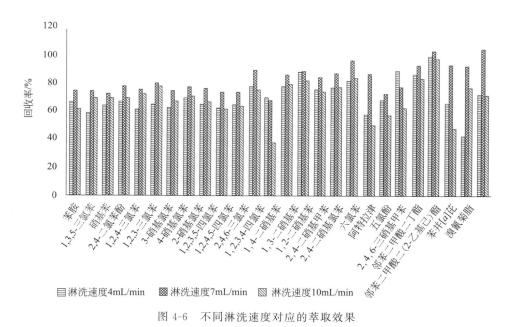

图 4-6　不同淋洗速度对应的萃取效果

7mL/min 的速度淋洗样品。

综上所述，采用 HLB 柱与 C18 柱串联来富集水样，调整水样 pH 值为 7 左右，水样上样速度为 4mL/min，待水样经串联柱后先用 3mL 甲醇淋洗串联柱，后将串联柱分开分别用 20mL 二氯甲烷淋洗柱子，淋洗速率为 7mL/min。

4.1.4 水样前处理方法

采用优化后的方法可以使水样中待测物的损耗降到最低，适合地表水中痕量及超痕量的有机污染物。具体水样前处理方法如下：将 HLB 柱与 C18 柱串联，分别用 10mL 二氯甲烷、甲醇、水活化固相萃取串联柱；上水样，加入 3mL 甲醇去除萃取柱中残留的大部分水后，弃去该甲醇相，将串联柱分开，分别依次用 20mL 二氯甲烷和 10mL 甲醇淋洗。将所有二氯甲烷相收集合并后用无水硫酸钠脱水，用内标定容至 1.0mL。同时收集所有甲醇相并浓缩定容至 1.0mL。取定容后二氯甲烷相样品 0.5mL 用于气相色谱-质谱法定性定量测

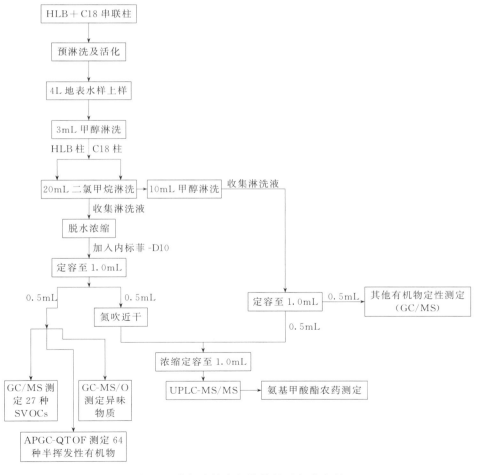

图 4-7 半挥发性有机物前处理实验流程

定27种半挥发性有机物、用于大气压气相色谱-四级杆飞行时间质谱法测定64种半挥发性有机物及气相色谱-质谱/嗅辨法测定异味物质，以及未知物质的定性分析。将余下的二氯甲烷相和0.5mL甲醇相合并浓缩，定容至1.0mL，用于超高相液相色谱-质谱/质谱法测定氨基甲农药，其余甲醇相样品用于其他有机物定性测定，实验过程如图4-7所示。

4.1.5 仪器条件

气相色谱条件：DB-5MS色谱柱（30m×0.25mm×0.25μm）；初始柱温50℃，以15℃/min速率升温至260℃，再以20℃/min速率升温至310℃，保持6min；进样口温度300℃，分流进样，分流比10∶1；载气为氦气，1.2mL/min。

质谱条件：EI电离源，电子能量70eV，离子源温度250℃，传输线温度300℃，溶剂延迟3.5min，SIM模式，具体扫描条件如表4-1所列。

表4-1　质谱参数

起始时间/min	终止时间/min	扫描时间/s	扫描离子
3.66	6.5	0.3	65，66，93
6.5	8.6	0.3	51，77，98，123，162，164，180，182
8.6	10.6	0.3	75，111，157，196，198，214，216
10.6	13.15	0.3	75，76，110，165，168，202，284，286
13.15	19	0.3	89，149，167，174，188，200，210，215，264，266，268
19	23.5	0.3	181，251，252，253

超高相液相色谱条件：Waters超高效色谱柱（Acquity UPLC™ BEH C$_{18}$ 1.7μm 2.0×50mm），柱温45℃；流动相为甲醇和水，5min之内由40%甲醇升至80%甲醇。

串联质谱条件：ESI$^+$电离源，毛细管电压3.0kV，源温110℃，脱溶剂气温度350℃，流量500L/h，锥孔气为50L/h；MRM分析参数如表4-2所列，定量分析时氩气为0.38mL/min。

表4-2　MRM分析时质谱参数

物质	锥孔电压/V	CID	停留时间/s	母离子/子离子
灭多威	15	9	0.1	163.1＞87.9
涕灭威亚砜	10	12	0.1	207.1＞89.0
涕灭威砜	20	15	0.1	223.1＞86.0

续表

物质	锥孔电压/V	CID	停留时间/s	母离子/子离子
杀线威	12	10	0.1	237.1＞71.9
甲萘威-D7	20	18	0.1	209.0＞152.1
灭多威-D3	15	9	0.1	166.0＞88.0
抗芽威	18	19	0.1	239.2＞71.9
克百威	25	15	0.1	222.0＞165.0
残杀威	20	13	0.1	209.8＞110.8
甲萘威	20	18	0.1	202.1＞145.0
羟基克百威	25	15	0.1	238.1＞163.0
涕灭威	10	10	0.1	208.1＞115.9
二氧威	25	15	0.1	223.0＞123.0
恶虫威	18	9	0.1	223.1＞167.0
猛杀威	20	15	0.1	207.9＞108.8
仲丁威	15	12	0.1	208.1＞93.9
甲硫威	20	13	0.1	226.1＞169.0

4.1.6　方法的线性、检出限、精密度和回收率

为消除物质间的干扰及更准确地反映目标化合物与响应值间的对应关系，本实验采用内标法，用选择离子定量，将配置好的系列混合标准溶液进样，以峰面积对应组分浓度进行线性回归，结果表明各物质具有良好的线性关系，相关系数在 0.996 以上。采用上述优化后的条件进行加标回收率实验，将 5.0μg 半挥发性有机物标准物质加入 16L 水中，重复 6 次。具体结果如表 4-3 所列。研究发现，27 种半挥发性有机物加标回收率在 70.5％～105％，相对标准偏差在 2.8％～12.8％，方法检出限在 0.002～0.009μg/L，高出文献方法检出限 10 倍以上[51]。同时为检验调整后的氨基甲酸酯类农药检定方法的有效性，将 8.0μg 氨基甲酸酯类农药标准物质加入 16L 水中进行基体加标试验，结果如表 4-3 所列，加标回收率范围为 78.5％～124％，满足方法检定要求。

表 4-3　物质回归方程、相关系数、检出限、平均回收率和精密度

化合物	回归方程	相关系数	检出限/(μg/L)	平均回收率/%	RSD/%
苯胺	$y=54531x-18048$	0.9977	0.002	77.1	2.8
1,3,5-三氯苯	$y=26062x-17401$	0.9987	0.009	79.3	11.7
硝基苯	$y=29770x-3716.3$	0.9962	0.005	70.5	6.7

化合物	回归方程	相关系数	检出限/(μg/L)	平均回收率/%	RSD/%
2,4-二氯苯酚	$y=25445x-13962$	0.9979	0.005	81.1	5.8
1,2,4-三氯苯	$y=29951x+58.193$	0.9974	0.006	76.8	8.2
1,2,3-三氯苯	$y=29584x+1976.8$	0.9973	0.008	75.9	10.9
3-硝基氯苯	$y=15407x-9415.9$	0.9980	0.005	75.9	6.1
4-硝基氯苯	$y=10750x-5917.1$	0.9979	0.006	78.2	7.3
2-硝基氯苯	$y=10916x-4889.5$	0.9978	0.006	76.4	7.4
1,2,3,5-四氯苯	$y=30742x+2327.6$	0.9972	0.009	73.0	12.8
1,2,4,5-四氯苯	$y=32071x-4691.6$	0.9976	0.006	76.4	7.7
2,4,6-三氯苯酚	$y=17986x-5123.2$	0.9977	0.004	81.2	3.7
1,2,3,4-四氯苯	$y=31928x-607.1$	0.9974	0.006	75.6	7.7
1,4-二硝基苯	$y=4589.8x-3643.9$	0.9981	0.006	87.9	6.7
1,3-二硝基苯	$y=5293.8x-4297.5$	0.9981	0.007	83.4	9.0
1,2-二硝基苯	$y=3819.1x-3858.8$	0.9984	0.004	80.5	3.6
2,4-二硝基甲苯	$y=10254x-7721.2$	0.9981	0.006	81.5	7.2
2,4-二硝基氯苯	$y=4013.2x-3908.5$	0.9982	0.007	93.4	7.2
六氯苯	$y=23005x+19539$	0.9964	0.005	81.0	6.4
阿特拉津	$y=27106x-2997.3$	0.9978	0.003	73.7	3.0
五氯酚	$y=11405x-27912$	0.9957	0.005	79.9	5.9
2,4,6-三硝基甲苯	$y=5748.5x-5321.1$	0.9982	0.005	87.6	5.4
菲-D10	—	0.9971	—	—	—
邻苯二甲酸二丁酯	$y=138315x+27373$	0.9971	0.006	102	6.0
邻苯二甲酸二(2-乙基己酯)	$y=88680x+15721$	0.9969	0.008	105	7.4
苯并[a]芘	$y=141507x+47268$	0.9977	0.007	91.0	7.9
溴氰菊酯	$y=7911.2x-16238$	0.9987	0.007	102	6.6
灭多威	$y=1253.95x-25.9854$	0.9999	—	95.3	
涕灭威亚砜	$y=1601.67x+835.29$	0.9998	—	120	
涕灭威砜	$y=4611.87x+2103.29$	0.9999	—	106	
杀线威	$y=1479.22x+238.608$	0.9999	—	104	
抗芽威	$y=7223.4x+123.921$	0.9999	—	78.5	
克百威	$y=3487.45x+13.897$	0.9999	—	90.6	
残杀威	$y=2949.95x+297.329$	0.9997	—	99.7	
甲萘威	$y=1256.05x+225.211$	0.9999	—	112	
羟基克百威	$y=4772.19x+585.877$	0.9999	—	116	

续表

化合物	回归方程	相关系数	检出限/(μg/L)	平均回收率/%	RSD/%
涕灭威	$y = 500.711x - 136.118$	0.9999	—	99.2	—
二氧威	$y = 389.772x - 268.897$	0.9999	—	80.5	—
恶虫威	$y = 2442.26x + 1419.05$	0.9998	—	106	—
猛杀威	$y = 6112.73x + 17.2829$	0.9999	—	112	—
仲丁威	$y = 5809.82x - 1051.02$	0.9999	—	124	—
甲硫威	$y = 2937.55x + 69.7745$	0.9999	—	108	—

4.2 大体积搅拌棒吸附萃取技术与热脱附-气相色谱-质谱法测定地表水中多环芳烃

目前，地表水水体中PAHs的测定方法主要有液液萃取法[52]（LLE）和固相萃取法[53,54]（SPE）结合气相色谱法或液相色谱法等。这些传统的前处理方法操作繁杂、萃取时间长、溶剂消耗量大。因此，后续开发了更简单便捷、环境友好的样品前处理技术，如液相微萃取（LPME）、分散液液萃取（DLLME）、固相微萃取（SPME）和搅拌棒吸附萃取（stir bar sorptive extraction，SBSE）等技术[55]。

SBSE技术是一种新型的无溶剂或少溶剂的，集萃取、净化、富集为一体的用于痕量有机物分离和浓缩的样品前处理技术[56~58]。其萃取涂层体积大，是SPME最大涂敷量（0.5μL）的50~250倍，理论吸附容量远大于SPME，具有灵敏度高、检出限低、重现性好、不使用有机溶剂等优点，适用于较为清洁的环境样品中挥发性及半挥发性有机物的痕量分析[59~61]。目前，商品化的搅拌吸附萃取棒有聚二甲基硅氧烷（PDMS）和聚乙烯-乙二醇改良硅烷化（EG Silicon）涂层两种，后者主要用于极性物质，如双酚A的萃取[62]。

PDMS涂层的SBSE技术应用于水样中PAHs的文献报道很多。如León等[63]应用SBSE-热脱附（thermal desorption，TD)-GC-MS法对地表水、地下水和自来水中6种五环或六环多环芳烃的检出限、重复性、方法不确定度等进行了验证，结果显示该方法具有良好的重复性和回收率，但吸附萃取时间较长（14h）；Kolahgar等[64]应用SBSE-TD-GC-MS法测定水中的16种PAHs，并对萃取时间、脱附后残留量参数等进行了优化，实验结果表明，该方法具有良好的线性和检出限，但3.5h的萃取时间仍较长；Guart 等[65] 应用 SBSE-GC-MS/MS 法对来自于全球 27 个国家的 77 个代表性的瓶装水中的 69 种有机污染物进行了测定评估，其中包含了 13 种 PAHs。虽然 SBSE 技术具有高灵敏度的特点，但受其吸附机理的限制，现有报道的方法均存在萃取时间长、萃取样品量小等缺点，限制了其在实际中的应用。

为实现地表水中超痕量 PAHs 的快速测定，本书拟采用 SBSE 技术结合 TD-GC-MS，并以多个搅拌棒同时萃取吸附的方式，建立水体中 16 种 PAHs 的快速、灵敏的检测方法，并用该方法对地表水水样进行测定。

4.2.1　仪器和试剂

Agilent 6890 气相色谱-质谱联用仪（美国 Waters 公司），配有热脱附模块（thermal desorption unit，TDU）和冷进样系统（cooled injection system，CIS）（德国 Gerstel 公司）；固相萃取搅拌棒（10mm×0.5mm、20mm×0.5mm，PDMS 吸附涂层，德国 Gerstel 公司）；HJ-6A 多头磁力搅拌器（江苏科析仪器公司）；Milli-Q 超纯水系统（美国 Millipore 公司）。

16 种 PAHs 标准溶液，包括萘（naphthalene，Nap）、苊烯（acenaphthylene，Acy）、苊（acenaphthene，Ace）、芴（fluorene，Fle）、菲（phenanthrene，Phe）、蒽（anthracene，An）、荧蒽（fluoranthene，Flu）、芘（pyrene，Pyr）、1,2-苯并蒽（1,2-benzanthracene，BaA）、䓛（chrysene，Chr）、苯并[b]荧蒽（benzo[b]fluoranthene，BbF）、苯并[k]荧蒽（benzo[k]fluoranthene，BkF）、苯并[a]芘（benzo[a]pyrene，BaP）、茚并[1,2,3-c,d]芘（indeno[1,2,3-c,d]pyrene，Ind）、二苯并[a,h]蒽（dibenz[a,h]anthracene，DahA）、苯并[g,h,i]苝（benzo[g,h,i]perylene，BghiP），质量浓度均为 0.2mg/mL，购自上海百灵威公司。取上述 PAHs 标准溶液，用甲醇稀释并配制质量浓度为 10μg/L 的 PAHs 标准工作液，现用现配。

4.2.2　样品前处理

本书考察了分析 500mL 水样时，不同的搅拌棒吸附萃取时间（10min、30min、60min、120min 和 150min）对 SBSE 吸附量的影响［见图 4-8(d)］。结果显示，随着萃取时间的增加，PAHs 的峰面积不断增加。由 Kolahgar 等[64] 的研究结果可知，10mL 的水样用一个 PDMS 搅拌棒于室温下以 500r/min 的转速搅拌，达到吸附平衡需 3～4h。而本实验的样品量为 500mL，则需更长的时间才能达到吸附平衡。为提高分析效率，达到快速测定的目的，在保证灵敏度的情况下本实验将搅拌棒吸附萃取时间设为 60min。

准确量取 500mL 水样于 1L 锥形瓶中，将 2 个 10mm×0.5mm 和 1 个 20mm×0.5mm PDMS 涂层的固相萃取搅拌棒同时吸附于清洗后的磁力搅拌子上，放入水样密封后，置于磁力搅拌器上，以 600r/min 常温搅拌萃取 60min。固相萃取搅拌棒使用前，于 TDU 中以 280℃ 老化 60min。

萃取完成后，使用干净的镊子取出搅拌棒，用少许蒸馏水冲洗搅拌棒上的附加物质（如悬浮物、可溶性盐和其他附着物等），按规格分别放入 2 个热脱附管中，待仪器分析。

4.2.3 分析条件的优化

（1）TDU 热脱附时间的考察

热脱附时间会影响 PAHs 的脱附情况，一般来说，固相萃取搅拌棒的吸附涂层越厚，脱附越困难。本实验考察了热脱附时间对脱附量的影响［见图 4-8（a）］，结果显示，16 种 PAHs 中大部分物质随着热脱附时间的增加，峰面积先增大后减小，但最佳脱附时间不尽相同，这可能和过度的热脱附会导致目标物流失有关。综合考虑曲线分布变化，最终将热脱附时间设为 5.0min。

（2）CIS 冷聚焦温度的考察

冷聚焦温度是影响分析物从搅拌棒上转移到气相色谱的重要实验参数。因此本实验分别考察了冷聚焦温度为 20℃、0℃、-20℃、-40℃、-80℃ 时，PAHs 色谱峰的峰面积［见图 4-8（b）］。结果显示，当冷聚焦温度为 -20℃ 时，绝大部分 PAHs 的峰面积相对较高，因此最终将冷聚焦温度设为 -20℃。

（3）CIS 冷阱脱附时间的考察

本实验考察了冷阱脱附时间（1.0min、2.0min、3.0min、6.0min 和 8.0min）对目标分析物峰面积的影响［见图 4-8（c）］。结果表明，脱附时间在 1.0～8.0min，PAHs 的峰面积变化不大。因此，最终将冷阱脱附时间设为 1.0min。

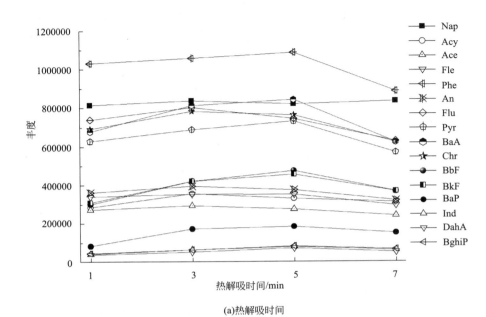

(a)热解吸时间

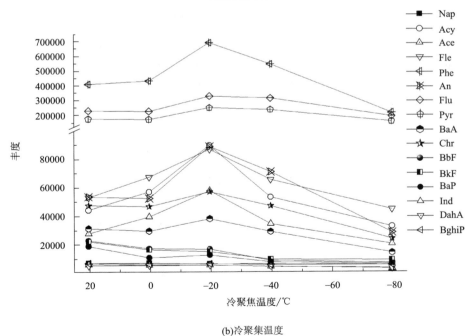

(b)冷聚集温度

图 4-8

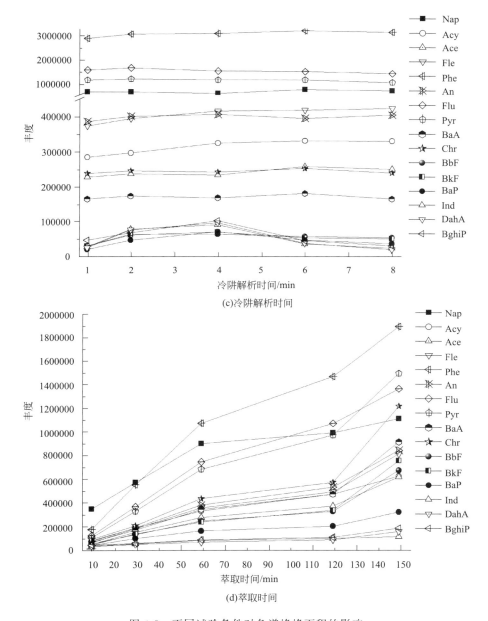

图 4-8 不同试验条件对色谱峰峰面积的影响

注：a. 热脱附时间（冷聚焦温度－20℃，冷聚焦解析时间 1min，搅拌棒吸附萃取时间 1h，10ng/L 多环芳烃空白加标水样）；b. 冷聚焦温度（热脱附时间 5min，冷聚焦解析时间 1min，直接进样 0.2ng 的 10μg/L 的多环芳烃标准工作液）；c. 冷阱脱附时间（热脱附时间 5min，冷聚焦温度－20℃，直接进样 0.2ng 的 10μg/L 的多环芳烃标准工作液）；（d）搅拌棒吸附萃取时间（热脱附时间 5min，冷聚焦温度－20℃，冷聚焦解析时间 1min，10ng/L 多环芳烃空白加标水样）。

4.2.4　仪器分析条件

TDU 条件：初始温度 50℃，以 200℃/min 速率升温至 290℃，保持 5min；不分流模式。CIS 条件：初始温度-20℃（冷聚集温度），以 12℃/s 速率升温至 300℃，保持 1min；溶剂放空模式。

GC-MS 条件：色谱柱为 DB-5MS 毛细管柱（30m×0.25mm，0.25μm）；载气为氦气；流速为 1mL/min；程序升温条件为初始温度 50℃，保持 1min，以 10℃/min 速率升温至 260℃，再以 15℃/min 速率升温至 310℃，保持 3min。离子源为 EI 源；离子源温度为 200℃；接口温度为 250℃；电离能量为 70eV；扫描方式为全扫描；扫描范围（m/z）为 45～550amu。

4.2.5　大体积搅拌棒吸附萃取问题的解决

搅拌棒的长度只有 10mm 和 20mm 两种型号，受到接触面积和萃取容量的限制，文献［61～63］中记载的萃取水样的体积一般为 10～100mL。为了获得较高的灵敏度和分析效率，本方法将水样体积提高至 500mL，因此，需要增加搅拌棒的数量以解决因水样体积的增大而引起的吸附棒吸附界面面积不足的问题。另外，虽然搅拌棒内部附有磁搅拌子，可以在水样中自动搅拌，但受吸附棒体积过小、在大体积水样中扰动程度不高的影响，相应地吸附效果变差。为解决该矛盾，本方法将固相萃取搅拌棒的数量增加到 3 个，并添加一个大号的聚四氟乙烯磁搅拌子，将搅拌棒吸附在搅拌子上，并在高转速（600r/min）下进行搅拌，水样的扰动速度明显加快，样品中污染物迁移速率和搅拌棒的吸附速率也相应地加快，如此可以在不降低灵敏度的情况下大大缩短样品富集时间。

样品萃取完成后，需要将搅拌棒转移至热脱附设备中进行高温热脱附，并进入 CIS 冷阱中进行冷聚焦富集。由于热脱附管体积较小，每次只能脱附 1～2 个 10mm 或 1 个 20mm 的搅拌棒。本方法使用热脱附装置将 2 个热脱附管中的被吸附物质先后脱附下来，由 CIS 冷阱进行冷聚焦合并后，经热脱附进入气相色谱分离，如此可以有效解决多个搅拌棒无法在一根热脱附管中同时脱附的问题。而且理论上可以使用多根搅拌棒同时进行吸附，再将搅拌棒顺次经热脱附进入同一个冷阱中进行冷聚焦合并，扩大了搅拌棒的吸附容量。

4.2.6 方法学验证

（1）线性关系

分别量取 $10\mu L$、$25\mu L$、$50\mu L$、$250\mu L$、$500\mu L$ 的 $10\mu g/L$ 的 PAHs 标准工作液，配制 $500mL$ 质量浓度为 $0.2ng/L$、$0.5ng/L$、$1ng/L$、$5ng/L$、$10ng/L$ 的加标空白水样，并按优化后的实验条件和方法进行测定，在 $0.2\sim10ng/L$ 的线性范围内，以色谱峰面积为纵坐标 (y)、对应的质量浓度为横坐标 $(x,$ $ng/L)$，绘制标准曲线，得到线性方程和相关系数 (r)（见表 4-4）。结果表明，各目标物的线性关系良好，除萘以外的 r 均 >0.994。萘在 $0.5ng/L$ 以下时，标准曲线出现弯曲，$0.2ng/L$ 样品中萘的峰面积与 $0.5ng/L$ 样品中的峰面积接近。利用超纯水代替地表水进行空白试验，发现 $500mL$ 空白水样中存在一定的萘，且含量较为稳定。虽然使用了超纯水制备工艺及其他净化手段，但依然很难完全消除萘本底空白的干扰，这可能和萘在环境中大量存在及高挥发性有关。但在 $0.5\sim10ng/L$ 范围内线性关系良好，r 为 0.9990。

表 4-4　16 种 PAHs 的线性方程、相关系数 (r)、相对标

准偏差 (RSD) 及方法检出限 (MDL)

序号	组分	线性方程	r	RSD $(n=5)/\%$	检出限/(ng/L)		
					本方法	参考文献[64]	参考文献[65]
1	萘	$y=5.96\times10^4 x+2.32\times10^5$	0.9589	3.69	$0.50^{①}$	0.5	5
2	苊烯	$y=2.90\times10^4 x+3.60\times10^3$	0.9991	11.95	0.07	0.3	5
3	苊	$y=2.03\times10^4 x+7.61\times10^3$	0.9997	9.68	0.07	1.5	5
4	芴	$y=3.70\times10^4 x+1.41\times10^4$	0.9994	6.86	0.03	2.0	5
5	菲	$y=3.54\times10^5 x+3.74\times10^4$	0.9990	10.23	0.04	0.8	5
6	蒽	$y=3.24\times10^4 x-8.40\times10^3$	0.9989	5.00	0.06	1.2	5
7	荧蒽	$y=1.89\times10^5 x+8.12\times10^3$	0.9990	12.74	0.07	0.1	10
8	芘	$y=1.41\times10^5 x+3.38\times10^3$	0.9988	12.51	0.09	0.7	11
9	1,2-苯并蒽	$y=1.96\times10^4 x+7.05\times10^3$	0.9984	13.62	0.16	0.2	5
10	䓛	$y=3.27\times10^4 x+1.04\times10^4$	0.9989	11.20	0.09	0.2	5
11	苯并[b]荧蒽	$y=5.59\times10^3 x+7.51\times10^3$	0.9946	11.76	0.20	0.3	—^{②}
12	苯并[k]荧蒽	$y=6.62\times10^3 x+8.39\times10^3$	0.9960	10.22	0.18	0.5	—

序号	组分	线性方程	r	RSD $(n=5)/\%$	检出限/(ng/L)		
					本方法	参考文献[64]	参考文献[65]
13	苯并[a]芘	$y=3.00\times10^3x+8.20\times10^3$	0.9963	17.92	0.19	1.2	—
14	茚并[1,2,3-c,d]芘	$y=1.82\times10^3x+3.78\times10^3$	0.9996	10.10	0.20	1.4	10
15	二苯并[a,h]蒽	$y=1.82\times10^3x+3.98\times10^3$	0.9977	15.41	0.20	0.3	10
16	苯并[g,h,i]芘	$y=2.40\times10^3x+5.40\times10^3$	0.9976	11.80	0.17	0.2	10

① 萘的检出限为 0.50ng/L。

② "—"表示不含。

（2）方法检出限与精密度

对含有 16 种 PAHs（1.0ng/L）的 500mL 空白加标水样按优化后的方法连续测定 5 次，测定结果含量的相对标准偏差为 3.69%～17.92%。以 3 倍标准偏差确定方法检出限（MDL）为 0.03～0.20ng/L（见表 4-5，$n=$ 7），其中萘以线性较好的 0.50ng/L 为方法检出限。本实验获得的 MDL 明显优于 Guart 等[65] 的 5～11ng/L（13 种 PAHs）和 Kolahgar 等[64] 的 0.1～2.0ng/L，且检测时间更短，不需要添加基体改进剂，操作更简单。方法检出限完全满足《地表水环境质量标准》（GB 3838—2002）（苯并芘限值 2.8ng/L）、《生活饮用水卫生标准》（GB 5749—2006）（多环芳烃总量限值 2000ng/L）以及美国环保局（16 种 PAHs 总量，0.2μg/L）等[66,67] 规范要求。

（3）加标回收率

为进一步检验方法的可靠性，采集不同流域地表水样品，按优化后的方法进行实际样品测定和不同添加水平的回收率试验，每组样品平行测定 3 次，结果见表 4-5。由此可知，地表水样中三环或四环 PAHs 多有检出，大环 PAHs 除苯并[a]芘外，其余均未检出，平均检出含量为 0.13～1.57ng/L，相对标准偏差为 3.5%～19.0%。由表 4-6 可知该采样点水样的检测结果远低于其他一些地区河流湖泊水样中的 PAHs 污染程度较低，在该水样中分别加入 0.2ng/L 和 1.0ng/L 的 16 种 PAHs 标准工作液进行加标回收率试验，其加标回收率分别为 79.6%～108.9% 和 75.6%～95.4%，相对标准偏差为 2.4%～10.3% 和 0.2%～9.4%（$n=3$）。此外，考虑到废水中基质复杂、干扰物多，竞争性吸附可能导致超痕量的 PAHs 无法有效吸附。因此，该方法目前仅适用于地表水等洁净水样的分析。

表 4-5 16 种 PAHs 在地表水样中的含量及加标回收率 ($n=3$)

序号	地表水样品		加标 0.2ng/L		加标 1.0ng/L	
	浓度/(ng/L)	RSD/%	回收率/%	RSD/%	回收率/%	RSD/%
1	0.52	5.8	83.4	10.3	75.6	9.4
2	0.59	8.5	108.9	2.4	93.2	0.7
3	1.57	3.5	92.7	9.6	82.1	1.8
4	0.42	11.5	92.8	5.4	88.4	3.6
5	0.28	3.6	82.8	7.4	82.7	0.4
6	0.24	12.6	89.1	3.8	95.1	8.1
7	0.15	6.8	82.3	5.8	81.4	1.5
8	0.13	7.8	87.5	3.2	80.7	0.2
9	0.21	19.0	82.1	6.0	91.4	3.9
10	0.57	3.5	88.0	7.6	95.4	2.5
11	ND	—	105.9	6.5	77.6	0.8
12	ND	—	102.5	3.6	77.8	3.5
13	0.34	5.8	79.6	7.4	78.3	6.0
14	ND	—	83.9	9.8	90.5	8.6
15	ND	—	106.0	5.0	92.9	2.6
16	ND	—	99.0	6.0	81.2	5.7

注：1. 序号 1~16 代表的化合物同表 4-4。

2. ND 表示未检出，下同；—表示无数据。

表 4-6 其他地区地表水中 PAHs 的含量

序号	地区 1 (Dianchi Lake[68]) /(ng/L)	地区 2(Fenhe River[69]) /(ng/mL)				地区 3(Taohe River[70])/(ng/L)			地区 4(Jialing River[71]) /(ng/L)				
		1#	2#	3#	4#	TH1	TH2	TH3	J1	J2	J3	J4	J5
1	10.63	2.4	2.56	2.52	ND	425.39	183.94	147.24	180.1	195.2	193.1	110.4	97.6
2	2.98	ND	ND	ND	ND	17.1	3.11	1.33	122.5	191.2	113.8	70.5	52.4
3	3.27	ND	ND	ND	ND	16.48	13.74	3.66	56.1	83.3	56.2	50.5	42.4
4	9.58	ND	0.36	0.55	ND	60.84	11.27	1.2	165.2	219.3	242.5	191.3	170.1
5	27.02	ND	2.22	1.92	ND	68.21	12.17	ND	175.4	245.3	250.4	257.1	150.2
6	8.72	ND	1.24	1.42	ND	32.93	5.88	0.74	145.3	136.5	81.4	61.8	39.6
7	3.85	3.58	3.4	3.62	3.58	7.77	2.84	ND	168.1	198.4	155.4	60.3	88.6
8	3.81	ND	ND	ND	ND	6.61	2.09	ND	118.4	152.3	112.4	96.1	92.4
9	3.33	3.74	3.62	3.58	3.56	ND	ND	ND	51.5	109.3	63.4	63.6	48.1

序号	地区1(Dianchi Lake[68])/(ng/L)	地区2(Fenhe River[69])/(ng/mL)				地区3(Taohe River[70])/(ng/L)			地区4(Jialing River[71])/(ng/L)				
		1#	2#	3#	4#	TH1	TH2	TH3	J1	J2	J3	J4	J5
10	3.30	ND	ND	ND	ND	ND	ND	ND	26.6	28.4	20.2	20.5	30.1
11	2.42	2.1	2.28	2.04	2.04	ND	ND	ND	8.1	3.1	3.4	1.6	ND
12	ND	ND	ND	ND	ND	ND	ND	ND	6.9	7.1	5.2	3.9	ND
13	2.20	ND	ND	ND	ND	ND	ND	ND	2.4	1.3	0.8	0.4	ND
14	ND	1.62	1.44	ND	ND	ND	ND	ND	2.1	5.7	3.6	1.1	ND
15	2.72	ND	ND	ND	ND	ND	ND	ND	8.2	6.1	5.9	3.1	ND
16	1.33	ND	ND	ND	ND	ND	ND	ND	0.2	1.3	1.4	0.2	ND

注：序号1～16代表的化合物同表4-4。

4.3 大体积搅拌棒吸附萃取技术结合热脱附-气相色谱同时测定水中的多氯联苯和有机氯农药

多氯联苯（polychlorinated biphenyls，PCBs）是一类苯环上氢原子被氯原子所取代的有机化合物，有 209 种异构体，如图 4-9 所示。PCBs 具有良好的物理化学稳定性、热稳定性、电气绝缘性以及不易燃性，因此应用十分广泛，如绝缘液体、热载体、润滑油以及许多工业产品中的添加剂等。与 PCBs 相类似，有机氯农药（organochlorine pesticides，OCPs）是一类含有氯元素且结构不同的有机化合物，主要用于预防、控制植物病和害虫。由于 PCBs 和 OCPs 的广泛使用，且它们的物理化学性质极为稳定，导致它们在环境中几乎都有存在，对人类健康和全球环境构成了巨大威胁。如图 4-10 所示。

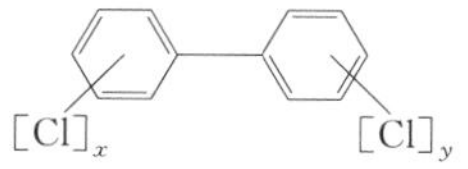

图 4-9 多氯联苯的化学结构式

水样中的 PCBs 和 OCPs 通常用液液萃取或固相萃取作为前处理方式，然后通过气相色谱（GC）进行分析测定。Kuranchie-Mensah 等[72] 利用索氏提取和液液萃取结合气相色谱分别测定了 Densu 河流域沉积物和水样中的 OCP

残留。Shi 等[73] 利用膜辅助溶剂萃取系统结合气相-电子捕获检测器同时测定
海水样品中的 17 种 PCBs 和 OCPs。然而，这些方法都需要耗费很长的时间且
步骤繁琐，又或者需要消耗大量的有机试剂。随着新技术的发展，新的分析方
法如顶空固相微萃取（SPME），涡流辅助液-液微萃取，超声波溶剂萃取和搅
拌棒吸附萃取（SBSE）等逐渐发展起来并不断得以完善。

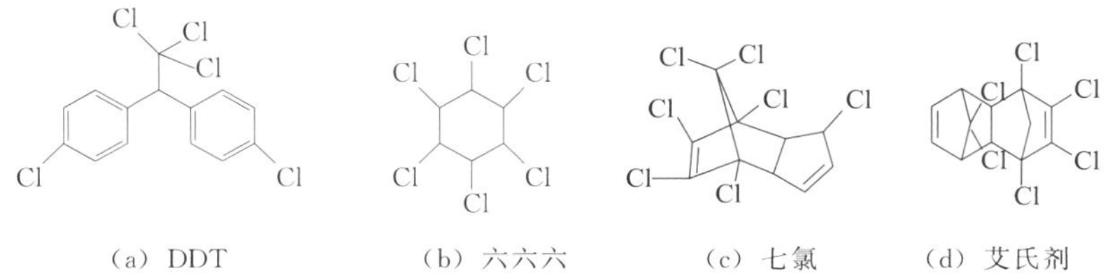

(a) DDT   (b) 六六六   (c) 七氯   (d) 艾氏剂

图 4-10　部分有机氯农药的化学结构式

　　SBSE 于 1999 年作为一种无溶剂的样品前处理方法被首次提出，用于萃
取和富集水中的有机化合物[74]。SBSE 通常应用于水样中低浓度的有机化合
物的提取[75~77]。SBSE 的萃取涂层体积是 SPME 萃取涂层最大涂敷量
（0.5μL）的 50～250 倍，因此，SBSE 的理论吸附容量远高于 SPME。
Sánchez-Avila 等[78] 利用 SBSE 结合热脱附-气相色谱/质谱建立了用于评估海
水中 49 种有机污染物（7 种 PCBs 和 18 种 OCPs）的多残留方法。Pérez-Car-
rera 等[79] 还建立了 SBSE-TD-GC/MS 方法同时测定海洋样品中的多种半挥
发性有机污染物，如 PAHs、PCBs、OCPs 和有机磷农药等。这些方法操作简
单，具有良好的线性，且检出限低，但萃取时间长达 14h。

　　本方法旨在利用 SBSE 和 TD-GC/MS 建立同时测定水中 20 种 OCPs 和 18
种 PCBs 的一种快速有效的检测方法。

4.3.1　实验

（1）试剂和材料

20 种 OCPs 标准溶液，包括甲体六六六（α-BHC）、丙体六六六（γ-
BHC）、乙体六六六（β-BHC）、七氯（heptachlor）、丁体六六六（δ-BHC）、
艾氏剂（aldrin）、环氧七氯（heptachlor epoxide）、γ-氯丹（γ-chlordane）、α-
氯丹（α-chlordane）、硫丹Ⅰ（endosulfan Ⅰ）、4,4'-滴滴伊（p,p'-DDE）、狄
氏剂（dieldrin）、异狄氏剂（endrin），4,4'-滴滴滴（p,p'-DDD）、硫丹 2
（endosulfan Ⅱ）、4,4'-滴滴涕（p,p'-DDT）、异狄氏剂醛（endrin alde-

hyde）、硫丹硫酸酯（endosulfan sulphate）、甲氧滴滴涕（methoxychlor）和异狄氏剂酮（endrin ketone），质量浓度均为 1mg/mL，购自上海百灵威公司。

18 种 PCBs 标准溶液，包括 2,4,4'-三氯联苯（PCB-28）、2,2',5,5'-四氯联苯（PCB-52）、2,2',4,5,5'-五氯联苯（PCB-101）、3,4,4',5-四氯联苯（PCB-81）、3,3',4,4'-四氯联苯（PCB-77）、2',3,4,4',5-五氯联苯（PCB-123）、2,3',4,4',5-五氯联苯（PCB-118）、2,2',4,4',5,5'-六氯联苯（PCB-153）、2,3,4,4',5-五氯联苯（PCB-114）、2,3,3',4,4'-五氯联苯（PCB-105）、2,2',3,4,4',5-六氯联苯（PCB-138）、3,3',4,4',5-五氯联苯（PCB-126）、2,3',4,4',5,5'-六氯联苯（PCB-167）、2,3,3',4,4',5-六氯联苯（PCB-156）、2,2',3,4,4',5,5'-七氯联苯（PCB-180）、2,3,3',4,4',5'-六氯联苯（PCB-157）、3,3',4,4',5,5'-六氯联苯（PCB-169）和 2,3,3',4,4',5,5'-七氯联苯（PCB-189），质量浓度均为 0.1mg/mL，购自上海百灵威公司。

Agilent 6890 气相色谱-质谱联用仪（Agilent 6890N-Waters Quattromicro GC/MS/MS，美国 Waters 公司），配有热脱附模块（thermal desorption unit，TDU）和冷进样系统（cooled injection system，CIS）（德国 Gerstel 公司）；固相萃取搅拌棒（10mm×0.5mm，PDMS 吸附涂层，德国 Gerstel 公司）；HJ-6A 多头磁力搅拌器（江苏科析仪器公司）；Milli-Q 超纯水系统（美国 Millipore 公司）。

（2）样品前处理

准确量取 500mL 水样于 1L 具塞锥形瓶中，将 4 个 10mm×0.5mm 的 PDMS 涂层的固相萃取搅拌棒同时吸附于清洗后的磁力搅拌子上，放入水样密封后，置于磁力搅拌器上，以 600r/min 常温搅拌萃取 60min。固相萃取搅拌棒使用前，于 TDU 中以 280℃老化 60min。

萃取完成后，使用干净的镊子取出搅拌棒，用少许蒸馏水冲洗搅拌棒上的附加物质（如悬浮物、可溶性盐和其他附着物等），按平均放入 2 个空的热脱附管中，待仪器分析。

（3）仪器分析

TDU 条件：初始温度 50℃，以 200℃/min 速率升温至 280℃，保持 5min（热脱附参数）；不分流模式。CIS 条件：初始温度 20℃（冷聚集温度），以 12℃/s 速率升温至 300℃，保持 1min；溶剂放空模式；玻璃毛衬管。传输线温度为 300℃。

GC-MS 条件：色谱柱为 RH-12ms 毛细管柱（60m×0.25mm ID）；载气为氦气；流速为 1mL/min；程序升温条件为初始温度 80℃，保持 1min，以 10℃/min 速率升温至 210℃，再以 3℃/min 速率升温至 280℃。离子源为 EI 源；离子源温度为 280℃；接口温度为 230℃；电离能量为 70eV；扫描方式为选择离子扫描。

4.3.2 结果与讨论

4.3.2.1 方法原理

用涂覆有 PDMS 吸附涂层的固相萃取搅拌棒对水中的 PCBs 和 OCPs 同时进行搅拌吸附，然后通过热脱附装置对搅拌棒上吸附的目标物进行脱附。脱附后的物质经 CIS 重新冷聚焦富集后，再快速升温进入气相色谱柱进行分离，最后进入质谱检测器分析。

4.3.2.2 样品体积和搅拌棒吸附容量

搅拌棒的长度有 10mm 和 20mm 两种型号，受到接触面积和萃取容量的限制，萃取水样的体积大多选取 10～100mL。为了获得较高的灵敏度和分析效率，本方法将水样体积提高至 500mL，因此，需要增加搅拌棒的数量，以解决由于水样体积的增大所引起的吸附棒吸附界面面积不足的问题。另外，虽然搅拌棒内部附有磁搅拌子，可以在水样中自动搅拌，但受吸附棒体积过小、在大体积水样中扰动程度不高的影响，相应地吸附效果变差。为解决该矛盾，本方法将固相萃取搅拌棒的数量增加到 4 个，并添加 1 个大号的聚四氟乙烯磁搅拌子，将搅拌棒吸附在搅拌子上，并在高转速（600r/min）下进行搅拌，水样的扰动速度明显加快，样品中污染物迁移速率和搅拌棒的吸附速率也相应地加快，如此可以在不降低灵敏度的情况下大大缩短样品富集时间。

样品萃取完成后，需要将搅拌棒转移至热脱附设备中进行高温热脱附，并进入 CIS 冷阱中进行冷聚焦富集。由于热脱附管体积较小，每次至多脱附 2 个 10mm 或 1 个 20mm 的搅拌棒。本方法使用热脱附装置将 2 个热脱附管中的被吸附物质先后脱附下来，由 CIS 冷阱进行冷聚焦合并后，经热脱附进入气相色谱分离，如此可以有效解决多个搅拌棒无法在一根热脱附管中同时脱附的问题。而且理论上可以使用多根搅拌棒同时进行吸附，再将搅拌棒顺次经热脱附进入同一个冷阱中进行冷聚焦合并，扩大了搅拌棒的吸附容量。

4.3.2.3 SBSE 条件优化

在使用一个大号聚四氟乙烯磁搅拌子同时吸附 4 个 10mm 的 PDMS 搅拌

棒于500mL水样中共同搅拌的条件下，对SBSE方法条件进行优化。

（1）CIS冷聚焦温度的考察

搅拌棒上吸附的目标物经热脱附装置脱附后进入CIS冷阱冷聚焦再次富集，然后通过快速升温的方式进入气相色谱柱分离分析。因此，冷聚焦温度是影响目标分析物从搅拌棒上转移进入气相色谱的一个重要实验参数。

为考察CIS冷阱的冷聚焦效率并优化CIS冷聚焦温度，本实验对比了100ng的PCBs和OCPs标准物质分别在－40℃、－20℃、0℃、20℃和40℃的冷聚焦温度条件下的色谱峰响应值（见图4-11）。结果显示，尽管部分目标物在0℃或40℃的冷聚焦温度条件下得到的色谱峰面积最高，但绝大部分物质的最佳冷聚焦温度为20℃，如g-BHC。因此，综合考虑各目标物，选取20℃作为实验的最佳冷聚焦温度条件。

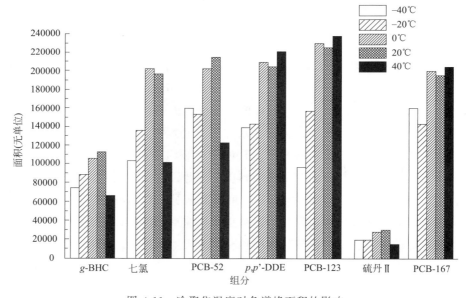

图4-11　冷聚焦温度对色谱峰面积的影响

（2）CIS冷阱脱附时间的考察

用100ng的标准物质进行CIS冷阱脱附时间进行优化。考察了冷阱脱附时间（1min、2min、4min、6min和8min）对目标分析物峰面积的影响（见图4-12）。结果显示，对于绝大多数目标物，1min的冷阱脱附时间已经足够完成脱附过程。因此，后续实验选取1min作为CIS冷阱脱附时间。

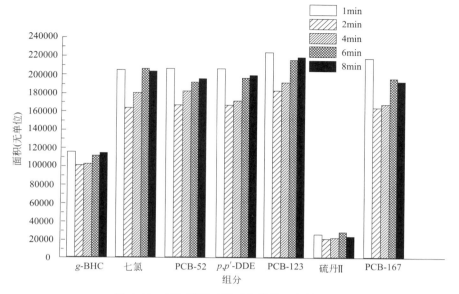

图 4-12　CIS 脱附时间对色谱峰面积的影响

（3）TDU 热脱附时间的考察

热脱附时间会影响 OCPs 和 PCBs 在搅拌棒上的脱附情况。一般来说，固相萃取搅拌棒的吸附涂层越厚，脱附越困难。本实验选用含有 100ng/L 标准物质的加标水样对 TDU 热脱附时间进行条件优化，考察了热脱附时间分别为 1min、3min、5min、7min 和 9min 时的脱附情况（见图 4-13）。结果

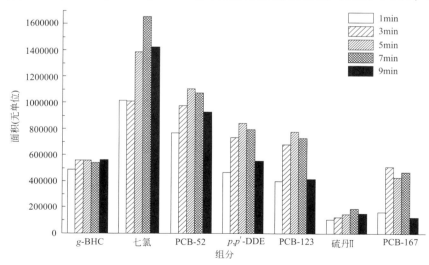

图 4-13　TDU 热脱附时间对色谱峰面积的影响

显示，对于绝大部分的目标物来说，5min热脱附时间已足够其脱附完全，甚至一些目标物如PCB-126和PCB-167在3min时已脱附完全，仅有极少数目标物如七氯需要7min的热脱附时间。此外，也可看到，随着热脱附时间的增加，峰面积甚至有所减小，这可能和过度的热脱附导致目标物流失有关。因此，综合考虑各目标物热脱附情况，最终选取5min作为以下实验的TDU热脱附时间。

（4）搅拌棒吸附萃取时间的考察

本书考察了分析含100ng/L标准物质的500mL加标水样时，不同的搅拌棒吸附萃取时间（0.25h、0.5h、1h、2h、3h、4h、5h和6h）对SBSE吸附量的影响，图4-14中仅以 g-BHC、七氯、PCB-52、p,p'-DDE、PCB-123、硫丹Ⅱ和PCB-167这7种物质为例绘制吸附曲线。结果显示，随着萃取时间的增加，目标物的峰面积不断增加，直至6h仍未趋于平衡。由于考虑到该方法仅作为水中OCPs和PCBs快速测定的一种手段，本实验未对搅拌棒吸附平衡时间做进一步的探究。

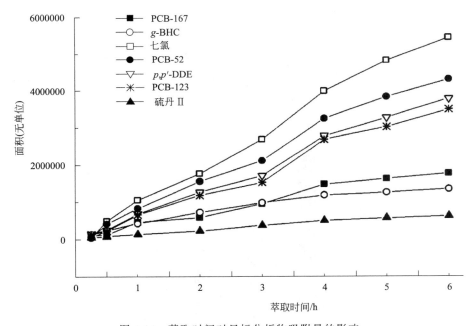

图4-14　萃取时间对目标分析物吸附量的影响

因此，为提高分析效率，达到快速测定的目的，本实验未将吸附平衡所需时间作为搅拌棒吸附萃取的时间，而将搅拌棒吸附萃取时间设为1h。

4.3.2.4 方法学验证

（1）方法的线性、精密度和检出限

本书通过线性、精密度和方法检出限（MDL）对优化后的 SBSE-TD-GC/MS 方法进行了性能评价。对含有 20 种 OCPs 和 18 种 PCBs（50ng/L）的 500mL 空白加标水样按优化后的方法连续测定 5 次，测定结果含量的相对标准偏差（RSD）低于 18%。

配制 500mL 质量浓度分别为 10ng/L、20ng/L、50ng/L、100ng/L、500ng/L 的系列加标空白水样，并按优化后的实验条件和方法进行测定。在 10～500ng/L 的线性范围内，以色谱峰面积为纵坐标（y）、对应的质量浓度为横坐标（x，ng/L），绘制标准曲线，得到线性方程和相关系数（R^2）（见表 4-7）。结果表明，各目标物的线性关系良好，线性相关系数在 0.9949～0.9998。

绝大部分目标物的方法检出限均低于 1ng/L 除了环氧七氯、异狄氏剂、硫丹Ⅱ、异狄氏剂醛、PCB-167、PCB-157、PCB-169、异狄氏剂酮和 PCB-189（见表 4-7）。本实验获得的 MDL 优于或近似于已有文献 ［78，79］ 报道，但本方法检测时间更短，不需要添加基体改进剂，操作更简单。

表 4-7　SBSE-TD-GC/MS 方法的各分析性能参数

序号	组分	相关系数(R^2) /(10～500ng/L)	精密度 (RSD, $n=5$)/%	检出限/(ng/L)		
				方法	［78］	［79］
1	a-BHC	0.9998	3.8	0.14	18.3	0.3
2	g-BHC	0.9997	7.1	0.14	—	0.3
3	b-BHC	0.9998	0.9	0.51	37.5	0.3
4	七氯	0.9988	3.7	0.22	0.042	
5	PCB-28	0.9995	6.4	0.30	0.095	0.4
6	d-BHC	0.9986	8.0	0.27	19.7	0.3
7	艾氏剂	0.9986	12.5	0.12	0.332	0.9
8	PCB-52	0.9990	6.4	0.27	0.063	2.0
9	环氧七氯	0.9966	7.6	2.27	0.024	2.4
10	γ-氯丹	0.9993	5.4	0.28	—	—
11	PCB-101	0.9998	5.0	0.25	0.018	
12	α-氯丹	0.9992	5.5	0.19	—	
13	硫丹Ⅰ	0.9978	6.7	2.02	1.47	0.3

序号	组分	相关系数(R^2)/(10～500ng/L)	精密度($RSD,n=5$)/%	检出限/(ng/L) 方法	[78]	[79]
14	p,p'-DDE	0.9997	6.5	0.30	0.136	0.2
15	PCB-81	0.9998	6.2	0.29	—	—
16	狄氏剂	0.9998	13.1	0.20	0.330	1.3
17	PCB-77	0.9998	6.8	0.33	—	—
18	PCB-123	0.9992	3.8	0.60	—	—
19	PCB-118	0.9991	3.8	0.40	0.011	—
20	异狄氏剂	0.9971	7.0	1.12	0.274	—
21	PCB-153	0.9998	3.2	0.60	0.019	2.7
22	PCB-114	0.9990	1.9	0.29	—	—
23	p,p'-DDD	0.9983	7.3	0.30	0.014	0.0
24	硫丹 II	0.9980	6.9	2.07	0.581	1.2
25	p,p'-DDT	0.9992	7.1	0.41	0.026	0.1
26	PCB-105	0.9991	3.8	0.38	—	—
27	PCB-138	0.9995	3.9	0.47	0.035	2.4
28	PCB-126	0.9993	5.0	0.91	—	—
29	异狄氏剂醛	0.9987	8.8	1.16	—	—
30	PCB-167	0.9991	8.0	1.35	—	—
31	硫丹硫酸酯	0.9949	17.6	0.37	—	—
32	PCB-156	0.9994	7.2	0.96	—	—
33	PCB-180	0.9996	11.3	0.78	0.060	1.1
34	PCB-157	0.9992	9.6	1.21	—	—
35	PCB-169	0.9966	12.9	1.49	—	—
36	甲氧滴滴涕	0.9962	16.8	0.54	—	0.5
37	异狄氏剂酮	0.9968	5.3	1.60	—	0.3
38	PCB-189	0.9993	13.1	1.55	—	—

注：一表示不含。

（2）加标回收率

为进一步检验方法的可靠性，采集某流域地表水样品，按优化后的方法测定实际样品中的 PCBs 和 OCPs 并进行不同添加水平的回收率试验，每组样品平行测定 3 次，结果如表 4-8 所列。由此实验结果可知，该处地表水样中仅 4 种物质（a-BHC，g-BHC，b-BHC 和七氯）有检出，平均检出含量为 0.81～

5.00ng/L，相对标准偏差为 1.70%～13.38%。在该水样中分别加入 20ng/L 和 100ng/L 的 20 种 OCPs 和 18 种 PCBs 标准物质进行加标回收率试验，每组样品平行测定 3 次，其加标回收率在 63.7%±7.3% 和 111.0%±18.5% 之间。

表 4-8 20 种 OCPs 和 18 种 PCBs 在地表水样中的含量及其在 20ng/L 和 100ng/L 两个不同添加水平时的加标回收率

组　　分	测试浓度(ng/L±RSD)，$n=3$		回收率/%	
	样品 A	样品 B	加标 20ng/L	加标 100ng/L
a-BHC	5.00±8.81%	1.33±11.74%	71.8±3.0	80.8±7.2
g-BHC	3.86±1.70%	2.70±7.74%	69.2±3.4	80.1±3.5
b-BHC	2.88±5.85%	ND	91.0±0.4	91.5±3.8
七氯	0.82±13.38%	ND	90.8±3.1	108.9±10.9
PCB-28	ND	ND	82.8±2.5	97.8±9.9
d-BHC	ND	ND	67.4±0.8	87.1±7.2
艾氏剂	ND	ND	96.5±2.7	92.5±17.3
PCB-52	ND	ND	87.6±3.9	99.1±8.6
环氧七氯	ND	ND	67.6±10.0	83.0±5.2
γ-氯丹	ND	ND	87.5±6.3	93.7±7.7
PCB-101	ND	ND	82.9±8.4	93.5±5.5
α-氯丹	ND	ND	85.3±7.6	92.8±7.5
硫丹 I	ND	ND	69.7±3.1	82.5±7.9
p,p'-DDE	ND	ND	78.5±3.6	90.0±7.1
PCB-81	ND	ND	72.9±7.0	86.5±8.3
狄氏剂	ND	ND	68.3±11.5	85.2±1.8
PCB-77	ND	ND	72.4±7.8	85.3±7.8
PCB-123	ND	ND	75.6±8.3	86.5±6.8
PCB-118	ND	ND	75.2±8.9	85.1±5.7
异狄氏剂	ND	ND	100.0±10.8	111.0±18.5
PCB-153	ND	ND	75.0±7.2	81.8±5.6
PCB-114	ND	ND	75.0±7.6	86.5±3.8
p,p'-DDD	ND	ND	66.9±5.7	83.4±8.1
硫丹 II	ND	ND	67.5±0.8	80.7±8.1
p,p'-DDT	ND	ND	63.7±7.3	83.9±13.1
PCB-105	ND	ND	72.2±9.7	83.7±5.8
PCB-138	ND	ND	73.3±8.5	80.9±3.2

续表

组　分	测试浓度(ng/L±RSD),n=3		回收率/%	
	样品 A	样品 B	加标 20ng/L	加标 100ng/L
PCB-126	ND	ND	73.2±7.4	85.5±2.2
异狄氏剂醛	ND	ND	73.7±7.4	82.6±5.6
PCB-167	ND	ND	81.5±8.2	89.5±1.8
硫丹硫酸酯	ND	ND	71.6±2.8	93.0±7.6
PCB-156	ND	ND	78.0±9.1	83.1±1.4
PCB-180	ND	ND	70.9±9.4	76.4±0.1
PCB-157	ND	ND	75.8±8.7	83.1±0.3
PCB-169	ND	ND	86.8±9.1	97.6±2.7
甲氧滴滴涕	ND	ND	68.0±7.5	71.0±3.0
异狄氏剂酮	ND	ND	71.3±3.6	72.6±12.0
PCB-189	ND	ND	89.0±11.1	91.8±3.9

注：ND 表示未检出。

4.4　地表水中烷基酚的测定

烷基酚是合成非离子型表面活性剂烷基酚聚氧乙烯醚的主要原料，也是其主要降解产物，于 1996 年被欧盟列为"内分泌干扰物（EDC）"。除少数为液体外，多数为结晶状的固体，具有类似苯酚的气味，一般不溶或稍溶于水，具有较强脂溶性，能持久存在于各种环境介质中，容易造成生物富集效应，并伴随食物链逐级放大。其中，辛基酚和壬基酚是烷基酚聚氧乙烯醚的主要降解产物，具有比母体更强的毒性和内分泌干扰能力，成为近年来备受国内外关注的酚类内分泌干扰物之一。

4.4.1　方法原理

在酸性条件下（pH≤2），采用液液萃取法提取水样中的烷基酚类化合物，萃取液经浓缩、定容后，分取 1/2 用作 3-叔丁基苯酚、4-仲丁基苯酚、2,6-二叔丁基苯酚、2,6-二叔丁基-4-甲基苯酚、4-叔辛基苯酚和 4-仲丁基-2,6-二叔丁基苯酚直接分析使用，剩余 1/2 样品经硅烷衍生化后，用于 4-正辛基苯酚和 4-正壬基苯酚的测定，采用气相色谱-质谱法分离检测，根据色谱保留时间和质谱特征离子定性，内标法定量。

4.4.2 方法的适用范围

本方法适用于地表水、地下水、海水、生活饮用水、工业废水和生活污水中 3-叔丁基苯酚、4-仲丁基苯酚、2,6-二叔丁基苯酚、2,6-二叔丁基-4-甲基苯酚、4-叔辛基苯酚、4-仲丁基-2,6-二叔丁基苯酚、4-正辛基苯酚和 4-正壬基苯酚的测定。

当取样体积为 1L 时，8 种烷基酚类化合物的方法检出限为 $0.01\sim0.15\mu g/L$，测定下限为 $0.04\sim0.60\mu g/L$。

4.4.3 仪器

（1）采样瓶

棕色聚四氟乙烯衬垫的螺口玻璃瓶。

（2）气相色谱/质谱仪

EI 源。

（3）色谱柱

石英毛细管色谱柱，30m（长）×0.25mm（内径）×0.25μm（膜厚），固定相为：固定相为 5%苯基 95%甲基聚硅氧烷，或其他等效毛细管柱。

（4）浓缩装置

旋转蒸发仪、氮吹浓缩仪。

（5）玻璃分液漏斗

容积为 1L。

4.4.4 试剂

（1）空白试剂水

二次蒸馏水或通过纯水设备制备的水，低于烷基酚类化合物的方法检出限（MDL）。

（2）丙酮

农残级。

（3）二氯甲烷

农残级。

（4）氯化钠

优级纯，在马弗炉 400℃烘烤 4h，冷却至室温，置于玻璃瓶中，于干燥器中保存。

（5）无水硫酸钠

分析纯，在马弗炉400℃烘烤4h，冷却至室温，置于玻璃瓶中，于干燥器中保存。

（6）硫酸

分析纯，$\rho_{(H_2SO_4)}$＝1.84g/mL。

（7）4-正辛基苯酚标准溶液

ρ＝100μg/mL。

该标准溶液在4℃下避光密闭冷藏，可直接购买使用有证标准溶液。

（8）4-正壬基苯酚标准溶液

ρ＝100μg/mL。

该标准溶液在4℃下避光密闭冷藏，可直接购买使用有证标准溶液。

（9）4-叔辛基苯酚标准溶液

ρ＝100μg/mL。

该标准溶液在4℃下避光密闭冷藏，可直接购买使用有证标准溶液。

（10）3-叔丁基苯酚

技术级，纯度在99％以上。

（11）4-仲丁基苯酚

技术级，纯度在98％以上。

（12）2,6-二叔丁基苯酚

技术级，纯度在98％以上。

（13）2,6-二叔丁基-4-甲基苯酚

技术级，纯度在98.5％以上。

（14）4-仲丁基-2,6-二叔丁基苯酚

技术级，纯度在98％以上。

（15）5种烷基酚类化合物标准储备液

ρ＝200μg/mL。

分别称量3-叔丁基苯酚、4-仲丁基苯酚、2,6-二叔丁基苯酚、2,6-二叔丁基-4-甲基苯酚和4-仲丁基-2,6-二叔丁基苯酚40mg±0.1mg，分别溶解于丙酮中，再以丙酮稀释至200mL，标准储备液中各化合物浓度为200μg/mL。4℃下避光密闭冷藏。

（16）6 种烷基酚类化合物标准使用液

$\rho = 10\mu g/mL$。

准确移取 $50.00\mu L$ 5 种烷基酚类化合物标准储备液和 $10.00\mu L$ 4-叔辛基苯酚标准溶液，用丙酮稀释至 1mL。

（17）2 种烷基酚类化合物标准使用液

$\rho = 10\mu g/mL$。

分别准确移取 $10.00\mu L$ 2 种烷基酚类化合物标准溶液，用丙酮稀释至 1mL。

（18）内标标准储备液

$\rho = 1000\mu g/mL$。

可选用菲-D10（$\rho = 1000mg/L$）作为 3-叔丁基苯酚、4-仲丁基苯酚、2,6-二叔丁基苯酚、2,6-二叔丁基-4-甲基苯酚、4-叔辛基苯酚以及 4-仲丁基-2,6-二叔丁基苯酚的内标；四氯间二甲苯（$\rho = 1000mg/L$）作为 4-正辛基苯酚和 4-正壬基苯酚的内标。

（19）内标标准使用液

$\rho = 100\mu g/mL$。

菲-D10 标准使用液：准确移取 $10.00\mu L$ 菲-D10 标准储备液，用丙酮稀释至 1mL。

四氯间二甲苯标准使用液：准确移取 $10.00\mu L$ 四氯间二甲苯标准储备液，用丙酮稀释至 1mL。

（20）N,O-(三甲基硅)三氟乙酰胺＋1％三甲基氯硅烷衍生试剂

BSTFA＋TMCS，99:1。

（21）高纯氦气

纯度≥99.999％。

（22）高纯氮气

纯度≥99.999％。

4.4.5 步骤

（1）样品采集与保存

参照《水质　湖泊和水库采样技术指导》（GB/T 14581—1993）、《地表水和污水监测技术规范》（HJ/T 91—2002）、《地下水环境监测技术规范》（HJ/T 164—2004）和《水质　样品的保存和管理技术规定》（HJ/T 493—2009）

的相关规定进行水样的采集和保存。采样前，不能用水样预洗棕色玻璃瓶。采集样品时，水样应充满采样瓶并加盖密封。样品采集后，4℃避光保存，在7d内完成萃取，萃取液应4℃避光保存，于20d内完成分析。

（2）样品预处理

准确量取1L水样置于分液漏斗中，用硫酸溶液调节水样pH值至酸性（pH≤2），加入30g氯化钠，轻轻振摇使其溶解。加入70mL二氯甲烷，振荡萃取10min，静置至有机相和水相充分分离，收集有机相，并经无水硫酸钠脱水干燥。重复3次上述萃取步骤，合并萃取液。将收集的萃取液浓缩定容至1mL，分取其中1/2，向其加入25μL菲-D10内标标准使用液，用丙酮定容至1mL，混匀，用作3-叔丁基苯酚、4-仲丁基苯酚、2,6-二叔丁基苯酚、2,6-二叔丁基-4-甲基苯酚、4-叔辛基苯酚和4-仲丁基-2,6-二叔丁基苯酚直接分析测定。剩余1/2样品用小流量氮气，氮吹浓缩至约0.1mL，加入200μL衍生化试剂（BSTFA＋TMCS，99:1），加入丙酮至近1mL。盖好瓶塞，轻轻振摇、混匀，避光放置在室温中衍生30min。经硅烷衍生化后，在上述溶液中准确加入25μL四氯间二甲苯标准使用液，定容至1mL，用以4-正辛基苯酚和4-正壬基苯酚的测定。

（3）分析条件

① 气相色谱参考条件　色谱柱：DB-5MS（30m×0.25mm，0.25μm）；进样口温度270℃；不分流进样；柱流量1.0mL/min；载气为氮气，99.999%；

柱温：50℃保持2min，以20℃/min速率升温至160℃，保持2min，以5℃/min速率升温至260℃，保持2min；

进样量：1μL。

② 质谱参考条件　四极杆温度150℃；离子源温度230℃；传输线温度280℃。

扫描模式：选择离子扫描（SIM），烷基酚类化合物的主要特征离子，如表4-9所列。

表4-9　烷基酚类化合物出峰顺序及主要特征离子

序　号	化合物	保留时间	特征离子(m/z)
1	3-叔丁基苯酚	8.43	150*,135
2	4-仲丁基苯酚	8.64	150,121*

续表

序　　号	化合物	保留时间	特征离子(m/z)
3	2,6-二叔丁基苯酚	10.17	206,191*
4	2,6-二叔丁基-4-甲基苯酚	11.09	220*,205
5	4-叔辛基苯酚	12.73	206,135*
6	4-仲丁基-2,6-二叔丁基苯酚	13.02	266,247,233*
7	菲-D10	16.08	188*
8	四氯间二甲苯	13.08	244*,171
9	4-正辛基苯酚-TMS	15.62	278*,179
10	4-正壬基苯酚-TMS	17.57	292*,179

注：加*号为定量离子。

③ 测定　取 $1\mu L$ 试样进样，记录色谱峰的保留时间及定量离子质谱峰的峰面积。

（4）标准曲线

① 标准系列的配制　分别取 6 种烷基酚类化合物标准使用液 $25\mu L$、$50\mu L$、$75\mu L$、$100\mu L$、$150\mu L$，加入 $25\mu L$ 菲-D10 内标标准使用液，使内标物在溶液中浓度为 $2.5\mu g/mL$，再用丙酮定容至 $1mL$，制备 5 个浓度点的标准系列。烷基酚类化合物的质量浓度分别为 $0.25\mu g/mL$、$0.50\mu g/mL$、$0.75\mu g/mL$、$1.00\mu g/mL$ 和 $1.50\mu g/mL$。

分别取 2 种烷基酚类化合物标准使用液 $10\mu L$、$25\mu L$、$50\mu L$、$75\mu L$、$100\mu L$ 和 $150\mu L$，加入 $300\mu L$ 衍生化试剂（BSTFA＋TMCS，99∶1），用丙酮定容至约 $1mL$。盖好瓶塞，轻轻振摇、混匀，避光放置在室温中衍生 $30min$。经硅烷衍生化后，在上述溶液中准确加入 $25\mu L$ 四氯间二甲苯标准使用液，定容至 $1mL$。此时，烷基酚类化合物的质量浓度分别为 $0.10\mu g/mL$、$0.25\mu g/mL$、$0.50\mu g/mL$、$0.75\mu g/mL$、$1.00\mu g/mL$ 和 $1.50\mu g/mL$，内标物在溶液中浓度为 $2.5\mu g/mL$。

② 标准曲线的绘制　按照仪器参考条件进行分析，记录各浓度点中目标化合物的保留时间，以及其定量离子的峰面积与内标物定量离子的峰面积的比值，按照内标法计算平均相对相应因子。

4.4.6　计算

（1）定性分析

根据样品中目标化合物的保留时间、碎片离子质荷比以及不同离子丰度比定性。在参考仪器条件下，6 种烷基酚类化合物的总离子流如图 4-15 所示。2 种烷基酚类化合物衍生物的总离子流如图 4-16 所示。

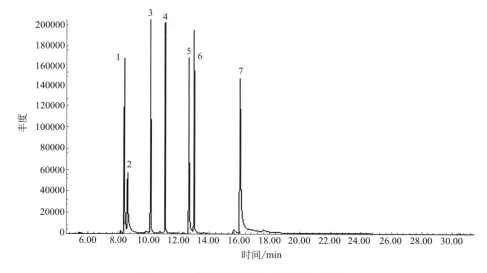

图 4-15 6 种烷基酚类化合物的总离子流

1—3-叔丁基苯酚；2—4-仲丁基苯酚；3—2,6-二叔丁基苯酚；4—2,6-二叔丁基-4-甲基苯酚；

5—4-叔辛基苯酚；6—4-仲丁基-2,6-二叔丁基苯酚；7—菲-D10（内标物）

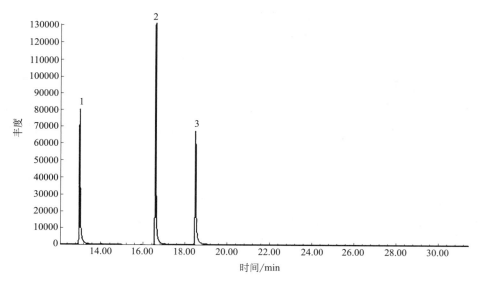

图 4-16 2 种烷基酚类化合物硅烷化衍生物的总离子流

1—四氯间二甲苯（内标物）；2—4-正辛基苯酚-TMS；3—4-正壬基苯酚-TMS

（2）定量分析

采用平均相对响应因子定量，按下式计算目标化合物质量浓度：

$$\rho_s = \frac{V_2 A_s \rho_{is}}{V_1 A_{is} \overline{RRF}}$$

$$RRF = \frac{A_s}{A_{is}} \times \frac{\rho_{is}}{\rho_s}$$

$$\overline{RRF} = \frac{\sum_i^n RRF_i}{n}$$

式中　ρ_s——目标化合物质量浓度，$\mu g/L$；

A_s——目标化合物定量离子的峰面积；

A_{is}——内标化合物定量离子的峰面积；

ρ_{is}——内标标化合物质量浓度，$\mu g/L$；

V_1——取样体积，mL；

V_2——样品定容体积，mL；

RRF——标准系列中目标物的相对响应因子；

$\overline{RRF}$——目标物的平均响应因子；

n——标准系列点数。

（3）结果表示

烷基酚类化合物的测定采用内标法进行定量，根据相对校正因子 RRF，定量计算水样中烷基酚类化合物的含量，结果以 $\mu g/L$ 表示。

4.4.7　精密度和准确度

为消除物质间的干扰及更准确地反映目标化合物与响应值间的对应关系，本实验采用内标法，用选择离子定量，将配置好的系列混合标准溶液进样。采用二次曲线回归方程，用标准系列目标化合物定量离子的峰面积与内标物定量离子的峰面积之比对目标化合物的浓度进行二次曲线回归。结果表明，各物质具有良好的线性关系，相关系数均大于 0.99。

选择经测定不含待测组分的 1L 纯水，添加 3 个浓度水平的标准溶液进行方法精密度和准确度分析，6 种烷基酚类化合物加标浓度分别为 0.25$\mu g/$L、5.0$\mu g/$L 和 10.0$\mu g/$L，2 种烷基酚类化合物加标浓度分别为 0.1$\mu g/$L、1.5$\mu g/$L 和 5.0$\mu g/$L，加标后按照样品测试的全步骤进行分析，每个样品平行测定 6 次，分别计算不同浓度样品的加标回收率及相对标准偏差。结果表明，6 种烷基酚类化合物（除 2,6-二叔丁基苯酚和 4-仲丁基-2,6-二叔丁基苯酚外）的加标回收率为 77%～126%，2,6-二叔丁基苯酚和 4-仲丁基-2,6-二叔丁基苯酚的加标回收率为 41%～50%，相对标准偏差为 2.2%～13.9%；2 种需硅烷化烷基酚类化合物的加标回收率为 82%～127%，相对标准偏差为 2.4%～11.3%。

采用本方法对地表水样品中的烷基酚类化合物进行分析测定，8 种烷基酚类化合物在该批水样中均未检出。

4.4.8 质控措施

（1）仪器性能检查

仪器使用前及样品分析前，气相色谱质谱仪系统必须进行仪器性能检查。取 $1\mu L$ 十氟三苯基膦（DFTPP）调谐标准溶液直接注入色谱仪，得到的 DFTPP 关键离子丰度满足表 4-10 的规定标准。

表 4-10 十氟三苯基膦（DFTPP）关键离子及丰度标准

质量离子（m/z）	丰度评价	质量离子（m/z）	丰度评价
51	强度为 198 碎片的 30%～60%	199	强度为 198 碎片的 5%～9%
68	强度小于 69 碎片的 2%	275	强度为 198 碎片的 10%～30%
70	强度小于 69 碎片的 2%	365	强度大于 198 碎片的 1%
127	强度为 198 碎片的 40%～60%	441	存在但不超过 443 碎片的强度
197	强度小于 198 碎片的 1%	442	强度大于 198 碎片的 40%
198	基峰,相对强度 100%	443	强度为 442 碎片的 17%～23%

（2）校准

校准曲线至少需要 5 个浓度系列，烷基酚类化合物的相对校正因子的相对标准偏差应小于等于 20%，否则应查找原因，重新建立校准曲线。

每 20 个样品或每批次（少于 20 个样品/批）应分析一个校准曲线中间浓度点标准溶液，其测定结果与初始曲线在该点测定浓度的相对标准偏差应小于等于 30%，如果连续校准符合初始校准曲线的允许标准，就可以分析样品。

每个目标化合物的百分偏差要小于等于 20%。连续校准分析一定要在空白和样品分析之前。如果连续分析几个连续校准都不能达到允许标准，就要重新制作标准曲线。

（3）空白实验

每 20 个样品或每批次（少于 20 个样品/批）应至少分析一个实验室空白样品和一个全程序空白样品。

实验室空白以及全程空白中目标物的测定浓度均应低于方法检出限，若空白试验未满足以上要求，则应采取措施，查找干扰源，排除污染并重新分析同批样品。

（4）平行样

每批样品应进行不少于 10% 的平行样品测定，单次平行试验结果的相对标准偏差应在 30% 以内。

（5）基体加标和空白加标

每批样品（最多 20 个样品）随机进行至少一个基体加标测定，加标回收率应控制在 70%～130%；如果超过控制范围则可以通过空白加标检查是否为基体效应，空白加标回收率应在 70%～130%。

4.5 固相微萃取-气质联用测定水质中邻叔丁基苯酚

本方法主要针对嗅觉阈值很低的邻叔丁基苯酚的定量检测。当地表水取样量为 10mL 时，方法的检出限为 20ng/L。

4.5.1 方法原理

邻叔丁基苯酚通过固相微萃取预处理后，经气相色谱分离，用质谱仪进行检测。通过与待测目标化合物保留时间和标准质谱图或特征离子相比较进行定性，外标法定量。

4.5.2 干扰及消除

每次分析完后要对固相萃取针进行烘烤，以消除残留物带来的干扰。

4.5.3 方法的适用范围

适用于地表水和干净水体中邻叔丁基苯酚类物质的测定。

4.5.4 仪器

（1）固相微萃取装置

最好带自动进样功能。

（2）气相色谱质谱

气相色谱部分具有分流/不分流进样口，可程序升温。质谱部分具有电子轰击电离（EI）源。

（3）固相微萃取头

$50/30\mu m$ DVB/CAR/PDMS。

4.5.5 试剂

除非另有说明，分析时均使用符合国家标准的分析纯试剂。

（1）实验用水

二次蒸馏水或纯水设备制备的水。使用前需经过空白试验检验，确认在目标化合物的保留时间区间内没有干扰色谱峰出现或其中的目标化合物低于方法检出限。

（2）甲醇

农残级。

（3）氦气

纯度≥99.999%。

（4）标准储备液

可直接购买包括所有相关分析组分的标准溶液，也可用纯单标制备，将其置于聚四氟乙烯封口的螺口瓶中，尽量减少瓶内的液上顶空，于4℃冰箱中避光保存。

（5）标准使用液

$100\mu g/L$，用甲醇稀释标准储备液。将其置于聚四氟乙烯封口的螺口瓶中，尽量减少瓶内的液上顶空，避光于4℃冰箱中保存。经常检查溶液是否变质或挥发。在配制校准使用液时要将其回温。

4.5.6 步骤

（1）样品采集

地表水样品采集参照《地表水和污水监测技术规范》（HJ/T 91—2002）

的相关规定执行。所有样品均采集平行双样，每批样品应带一个全程序空白和一个运输空白。

采集样品时，应使水样在样品中溢流而不留空间。取样时应尽量避免或减少样品在空气中暴露。

（2）样品保存

采集后的样品在4℃以下保存，尽快分析。

（3）校准曲线

配制5个不同浓度的标准系列：0.05μg/L、0.10μg/L、0.50μg/L、1.00μg/L、5.00μg/L。

（4）分析条件

① 固相微萃取参考条件　预热时间60s；萃取温度80℃；预热搅拌速率250r/min；打开搅拌器的时间10s；关闭搅拌器的时间0s；瓶渗透31μm；萃取时间1200s；注射渗透54μm；脱附时间180s；过柱时间900s；气相运行时间60s。

② 气相色谱参考条件　气相条件

进样口：270℃，无分流。

柱子：DB-5ms30m×250μm×0.25μm。

载气：He，1.2mL/min。

柱温：起始温度50℃，以10℃/min速率升温到150℃，再以15℃/min速率升温到290℃，保持1.0min。

Aux：280℃。

③ 质谱参考条件　离子源为EI；离子源温度230℃；接口温度250℃；离子化能量70eV；扫描方式为选择离子方式，溶剂延迟2min。选择离子：91，107，115，135，150。

④ 测定　在顶空瓶中加入10mL水样，将固相微萃取头没入水中，按照设定条件进行萃取分析，根据邻叔丁基苯酚的保留时间及特征离子丰度比进行定性定量分析。

（5）邻叔丁基苯酚标准色谱图

邻叔丁基苯酚标准色谱如图4-17所示。

4.5.7　计算

邻叔丁基苯酚的测定采用外标法进行定量，定量计算水样中邻叔丁基苯酚

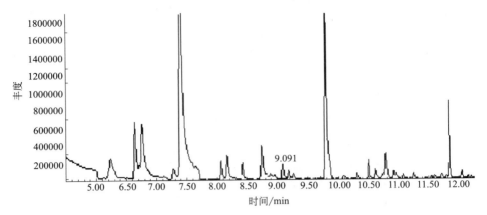

图 4-17　邻叔丁基苯酚标准色谱图（9.091min-邻叔丁基苯酚）

的含量，结果以 μg/L 表示。

当测定结果＜1μg/L 时，保留小数点后 3 位；当计算结果≥1μg/L 时，保留 3 位有效数字。

4.5.8　质控措施

（1）仪器性能检查

在每天分析之前，GC/MS 系统必须进行仪器性能检查。进 2μL 质谱调谐溶液 BFB，GC/MS 系统得到的 BFB 的关键离子丰度应满足表 4-11 中规定的标准，否则需对质谱仪的一些参数进行调整或清洗离子源。

表 4-11　溴氟苯（BFB）离子丰度标准

质荷比	离子丰度标准	质荷比	离子丰度标准
95	基峰,100%相对丰度	175	质量 174 的 5%～9%
96	质量 95 的 5%～9%	176	质量 174 的 95%～105%
173	小于质量 174 的 2%	177	质量 176 的 5%～10%
174	小于质量 95 的 50%		

（2）初始校准

各目标物的校准曲线相关系数≥0.990。

（3）连续校准

每测定 20 个样品测定一个校准曲线中间点浓度的标准溶液，测定值与校准曲线该点浓度的相对误差应≤20%，否则应建立新的标准曲线。

（4）样品

① 空白实验　每批样品（以 20 个样品为一批次）需要至少分析一个实验室空白。

空白实验分析结果应满足如下任一条件的最大者：a. 目标物浓度小于方法检出限；b. 目标物浓度小于相关环保标准限值的 5％；c. 目标物浓度小于样品分析结果的 5％。

如不能满足上述条件，需重新更换试剂、清洗分析器具，重新调整分析仪器。

② 平行样和基体加标　每批次样品（最多 20 个）应至少选择一个样品进行平行样测试和基体加标测试，目标物平行样分析结果相对偏差应≥30％，基体加标回收率应在 60％～130％范围内。

4.6　磁性氮掺杂石墨烯固相萃取环境水样中的 4 种含氯有机污染物

有机氯污染物在环境水样中含量低，再加上复杂基体的干扰，导致其在进仪器分析前，必须进行富集和净化。采用常规液液萃取、固相萃取、液液微萃取等前处理技术富集和净化环境水样中的有机氯污染物，存在操作烦琐耗时、消耗大量有毒有机溶剂以及需要专用设备等问题。

本研究采用化学共沉淀法合成了 $Fe_3O_4/N\text{-}G$ 纳米材料，考察了其吸附性能。并将其作为磁性固相吸附剂，在超声辅助下，通过对超声萃取时间、水样 pH 值、洗脱剂的种类和用量、水样体积等磁性固相萃取条件的系统优化，结合气相色谱/串联质谱技术，建立一种便捷快速、绿色环保的筛查环境水样中痕量有机氯的分析方法。

4.6.1　实验部分

（1）仪器与试剂

Agilent 7890A-7000B 气相色谱三重四极杆质谱仪（美国 Agilent 公司）；CTC 多功能自动进样器（瑞士 CTC 公司）。Waters 2695 高效液相色谱仪（美国 Waters 公司），配备 Waters 2996 型二极管阵列检测器。X'Pert Pro X-射线衍射仪（荷兰帕纳科公司）；J3426 多功能振动样品磁强计（英国 Cryogenic 公司）；Hitachi S-4700 扫描电子显微镜（日本日立公司）；EDAX-Ⅱ X 射线能谱仪（美国 EDAX 公司）。

　　四种有机氯标准品纯度＞99.0％（百灵威公司），结构如表 4-12 所列；氮掺杂石墨烯［阿拉丁试剂（上海）有限公司］；甲醇（色谱纯，德国 Merck 公司）、乙醇和正己烷（色谱纯，百灵威公司）、二氯甲烷（农残级，百灵威公司）、乙酸乙酯（美国 Tedia 公司）、丙酮（色谱纯，江苏永华化学科技有限公司）；硫酸亚铁（Ⅱ）铵六水合物、硫酸铁（Ⅲ）铵十二水合物、盐酸、氢氧化钠和氯化钠（分析纯，杭州华东医药集团公司）；N50 钕铁硼磁铁（NdFeB，宁波市鄞州冠能磁业有限公司）；实验室用水为超纯水（美国 Milli-Q 公司）。

表 4-12　四种化合物的结构信息

序号	中文名称	英文名称	CAS 号	结构式
1	六氯苯	HCB	118-74-1	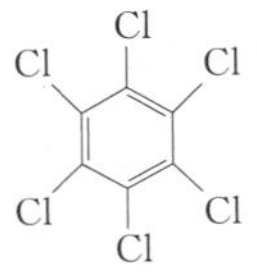
2	2,2′,4,4′,5,5′-六氯联苯	PCB-153	35065-27-1	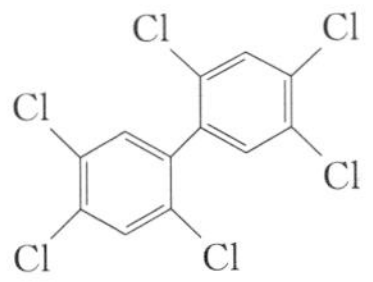
3	3,5-二甲基-4-氯-苯酚	PCMX	88-04-0	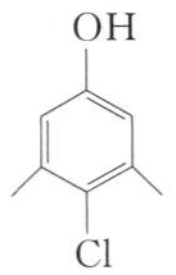
4	2,4,4′-三氯-2′-羟基二苯醚	TCS	3380-34-5	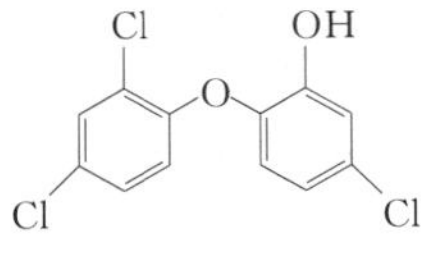

　　（2）标准溶液的配制

　　准确称取适量标准品，HCB 用正己烷，其余用甲醇配制成 1.00mg/mL 标准储备液，−4℃避光保存，使用时以甲醇稀释至所需浓度。

　　（3）气相色谱-质谱条件

　　① 气相色谱条件　色谱柱：DB-5MS ［30m×0.25mm(内径)×0.25μm］。

程序升温：100℃保持 2min，以 20℃/min 速率升温至 300℃。载气 He，流速 1mL/min；进样口温度 300℃；进样量 1μL；不分流进样。

② 质谱条件　电子轰击电离源（EI），电离能量 70eV；离子源温度 230℃，色谱质谱传输杆温度 250℃；质量扫描范围 50～500amu；碰撞气 N_2，流速 1.5mL/min，淬灭气 He 流速 2.25mL/min。检测模式：多反应监测模式（MRM）。

（4）Fe_3O_4/N-G 的制备

Fe_3O_4/N-G 是根据文献［80］报道的化学共沉淀法制备的。

（5）吸附实验

① 吸附等温线　室温下，称取 10mg Fe_3O_4/N-G 材料置于 10mL 水样中，加入不同初始浓度（0.1mg/L、0.5mg/L、1mg/L、5mg/L、10mg/L、50mg/L）的目标物，超声萃取 20s 后，采用外加磁场对吸附剂进行分离，取上清液进行 HPLC-PDA 分析。平衡吸附量（q_e，mg/g）可以通过以下公式得到：

$$q_e = (C_0 - C_e)V/m$$

式中　C_0 和 C_e——目标物在水样中的初始浓度和吸附平衡时的浓度，mg/L；

　　　　m——吸附剂的质量，g；

　　　　V——水样体积，L。

② 吸附动力学　目标物初始浓度为 10mg/L，超声时间分别为 1s、2s、3s、4s、5s、10s、15s、20s、25s，其余步骤同 2.5.1。t 时刻的吸附量（q_t，mg/g）可以通过以下公式得到：

$$q_t = (C_0 - C_t)V/m$$

式中　C_t——t 时刻水样中目标物的浓度，mg/L。

（6）磁性固相萃取实验

将 10mL 浓度为 100μg/L 模拟水样置于 40mL 玻璃瓶中，调节水样 pH 值为 5，加入 6.0mg Fe_3O_4/N-G，超声分散萃取 15s。然后将磁铁静置于瓶壁外 15s，分离回收 Fe_3O_4/N-G。接着用 3mL 乙醇和 2mL 二氯甲烷分步超声洗脱 Fe_3O_4/N-G 上吸附的目标物，磁性分离 Fe_3O_4/N-G，合并洗脱液，氮吹至 0.8mL，用 1∶1（体积比）的乙醇二氯甲烷混合液定容至 1mL。最后过 0.22μm 尼龙滤膜，待下一步 GC-MS/MS 分析。

4.6.2　结果与讨论

（1）Fe$_3$O$_4$/N-G 的表征

氮掺杂石墨烯的 X 射线能谱（energy dispersive X-ray spectroscopy, EDS）分析结果如图 4-18（a）所示。由图 4-18（a）可知该纳米材料的氮掺杂量为 5.53％（质量分数）。

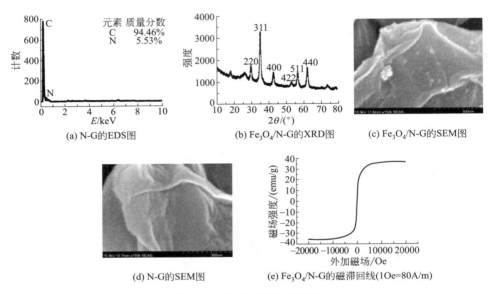

(a) N-G的EDS图　　(b) Fe$_3$O$_4$/N-G的XRD图　　(c) Fe$_3$O$_4$/N-G的SEM图

(d) N-G的SEM图　　(e) Fe$_3$O$_4$/N-G的磁滞回线(1Oe=80A/m)

图 4-18　Fe$_3$O$_4$/N-G 的表征

图 4-18（b）为 Fe$_3$O$_4$/N-G 的 X-射线衍射（X-ray diffraction, XRD）图谱，图中 $2\theta = 30.2°$、$35.6°$、$43.3°$、$53.6°$、$57.2°$、$62.8°$ 处的衍射峰分别对应纯立方尖晶石晶系 Fe$_3$O$_4$ 的 220、311、400、422、511 和 440 晶面（JCPDS 卡，03-065-3107）的特征吸收峰，表明 Fe$_3$O$_4$ 纳米颗粒已成功嫁接到 N-G 上了[81]。对比 Fe$_3$O$_4$/N-G 和 N-G 的扫描电镜（scanning electron microscope，SEM）图 4-18（c）和图 4-18（d），可以确证尺寸为 10～20nm 的 Fe$_3$O$_4$ 颗粒零星分布在 N-G 的褶皱层表面[82]。此外，应用振动样品磁强计（vibrating sample magnetometer，VSM）绘制了 Fe$_3$O$_4$/N-G 的磁滞回曲线。如图 4-18（e）所示，Fe$_3$O$_4$/N-G 没有剩磁和磁矫顽力，具有良好的超顺磁性，其饱和磁化强度高达 36.93emu/g，完全满足磁性分离的磁响应要求[83]。

（2）吸附性能研究

如图 4-19（a）所示，10mL 水样中 PCMX 的初始浓度为 50mg/L 时，吸附等温线依然成线性。采用 Freundlich 和 Langmuir 吸附等温模型拟合 PCMX 在 Fe_3O_4/N-G 上的吸附等温线[84]，拟合方程的相关系数 r_F、r_L 分别为 0.9996 和 0.9995，均大于 0.95，说明 PCMX 在 Fe_3O_4/N-G 的吸附不局限于均匀的单分子层吸附，还可能存在不均匀的多分子层吸附[85]。由 Langmuir 吸附等温线可知，298K 时，Fe_3O_4/N-G 对 PCMX 的最大吸附量为 237.9mg/g。

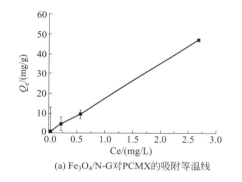

(a) Fe_3O_4/N-G对PCMX的吸附等温线

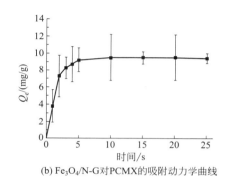

(b) Fe_3O_4/N-G对PCMX的吸附动力学曲线

图 4-19 Fe_3O_4/N-G 的吸附性能

如图 4-19（b）所示，在 0～3s，Fe_3O_4/N-G 对 PCMX 的吸附量随着吸附时间的增加迅速增加；3～5s，吸附量缓慢增加；10s 时，吸附达到平衡，平衡吸附量高达 9.58mg/g。应用准一级动力学和准二级动力学拟合 Fe_3O_4/N-G 对 PCMX 的吸附动力学过程[84]，结果如表 4-13 所列，准二级动力学方程的相关系数 r_2 大于准一级动力学方程的相关系数 r_1，表明 Fe_3O_4/N-G 对 PCMX 的吸附动力学过程符合准二级吸附动力学模型[86]。

表 4-13 Fe_3O_4/N-G 对 PCMX 动力学模型拟合结果

分析物	准一级动力学方程			准二级动力学方程		
	$Q_{e,1}$/(mg/g)	$K_1/\dfrac{1}{s}$	r_1	$Q_{e,2}$/(mg/g)	$K_2/[g/(mg \cdot s)]$	r_2
PCMX	9.47	0.68	0.9553	9.73	0.30	0.9964

由吸附等温实验可知，10mg 的 Fe_3O_4/N-G 在 20s 内即可完全吸附 10mL 水样中浓度为 50mg/L 的 TCS、HCB 和 PCB-153，吸附量达到 50mg/g。

（3）萃取条件的优化

本实验采用单因素法对影响 MSPE 萃取回收率的相关条件进行了优化。优化过程中模拟水样中化合物的含量均为 1.0μg。

① 萃取剂用量的影响　本实验考察了 Fe_3O_4/N-G 用量（3.0～15.0mg）对萃取回收率的影响。结果如图 4-20（a）所示，当 Fe_3O_4/N-G 用量为 6.0mg 时，萃取回收率达到最大值。过多的 Fe_3O_4/N-G 可能会对 4 种分析物形成永久性吸附，从而降低萃取回收率。因而，本实验选择的 Fe_3O_4/N-G 用量为 6.0mg。

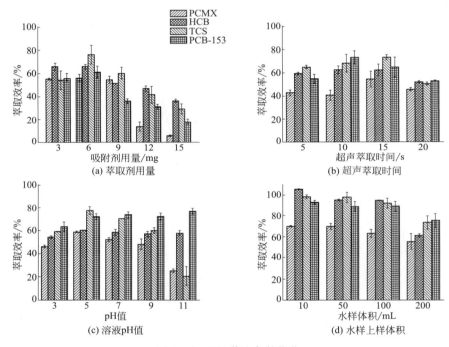

图 4-20　磁性萃取条件优化

② 超声萃取时间的影响　超声有助于 Fe_3O_4/N-G 在水中的分散，加大了接触面积，促进了质量传递。如图 4-20（b）所示，由于掺杂了氮元素，Fe_3O_4/N-G 的亲水性明显优于磁性石墨烯，仅需超声 15s，萃取即达到平衡。增加超声时间，萃取回收率下降，可能原因是过长的超声时间使 Fe_3O_4 从氮掺杂石墨烯上脱落下来，导致磁性萃取剂不能完全回收。因而，本实验选取的超声萃取时间为 15s。

③ 水样 pH 值的影响　水样 pH 值会影响分析物在水中的存在形式。本实验考察了水样 pH 值在 3～11 条件下的 Fe_3O_4/N-G 对 HCB、PCB-153、TCS

和 PCMX 的萃取回收率，结果如图 4-20(c) 所示：当水样的 pH＝5 时，HCB、PCB-153、TCS 和 PCMX 的回收率达到最大。当水样 pH＝3 时，部分 Fe_3O_4/水解，使得一部分吸附了目标物的氮掺杂石墨烯无法磁性回收，萃取回收率下降。中性物质 HCB 和 PCB-153 在整个 pH 值范围内保持电中性，当 pH＞5 时，与 Fe_3O_4/N-G 之间的 π-π 作用力和疏水作用力不受影响，萃取回收率基本保持不变；此外，2 种弱酸性物质 TCS 和 PCMX 随着 pH 值的增大，电离加剧，与 Fe_3O_4/N-G 之间的疏水作用力减弱，萃取回收率降低。最终确定水样的 pH＝5。

④ 离子强度和洗脱剂种类及用量的影响　本实验考察了离子强度（按 NaCl 计）0～4g/100mL 对萃取回收率的影响，结果显示不加盐时，萃取回收率最大。因此，随后的实验中都没有加盐。

此外，考察了甲醇、乙醇、丙酮、二氯甲烷、正己烷和乙酸乙酯等洗脱剂的洗脱效果，实验表明先用乙醇再用二氯甲烷洗脱效果较好。随后考察了乙醇和二氯甲烷用量对萃取回收率的影响。结果表明先用 3mL 乙醇洗脱一次再用 2mL 二氯甲烷洗脱一次即可达到满意的效果。

⑤ 最大上样体积　有机氯污染物在环境水样中的实际残留量是非常低的，加大水样前处理的上样体积，增加富集量，是提高实际检测浓度的有效手段之一。本实验考察了水样体积对回收率的影响，结果如图 4-20(d) 所示，水样体积小于 100mL 时，4 种目标物的回收率保持在 70.0％～105.1％，而当水样体积超过 100mL 时，萃取回收率明显下降，可能原因是水体积增大，仅用 15s 的超声萃取时间，萃取材料无法充分吸附目标物，从而导致萃取回收率降低。本方法最大上样体积为 100mL。

⑥ 方法评价　在优化的实验条件下，对 4 种目标物的线性范围、相关系数、最低检出限及精密度等进行了考察，结果如表 4-14 所列。PCMX、HCB、TCS 和 PCB-153 在 0.1～10μg/L 质量浓度范围内与色谱峰面积呈良好的线性关系，其相关系数 R^2 在 0.9983～0.9999 之间。检出限（$S/N＝3$）和定量限（$S/N＝10$）分别为 0.05～0.6ng/L 和 0.4～2.4ng/L，满足国标要求。

为了考察本方法的重现性，分别测定了浓度为 1μg/L 的水样的日内及日间精密度。日内精密度是通过 1d 之内平行测定 6 次水样样品得到的相对标准偏差。日间精密度是通过连续 6d 测定同一组水样样品，每天测定一次，得到的相对标准偏差。如表 4-14 所列，日内及日间精密度分别是 3.3％～6.9％ 和 3.4％～9.4％。

表 4-14　最优条件下 Fe_3O_4/N-G-MSPE/GC-MS/MS 的方法评价

化合物	线性范围 /(μg/L)	线性方程	相关系数	检出限 /(ng/L)	定量限 /(ng/L)	$RSD(n=6)/\%$	
						日内	日间
PCMX	0.1～10	$y=432974x-3909.4$	0.9983	0.1	0.4	5.9	8.1
HCB	0.1～10	$y=945920x+713.7$	0.9999	0.05	0.2	3.3	3.4
TCS	0.1～10	$y=8577.3x+158.94$	0.9991	0.6	2.4	6.9	9.4
PCB-153	0.1～10	$y=161376x-728.18$	0.9998	0.2	0.8	3.7	5.2

　　将本方法与文献报道的固相萃取[87]、固相微萃取[88]、磁力搅拌吸附萃取[89] 和液液微萃取[90] 等方法进行比较，本书提出的 Fe_3O_4/N-G 只需 15s 即可完成磁性萃取，只需花费 15s 就可实现磁性分离，大大缩短了萃取时间，简化了操作过程。

4.6.3　样品测定

　　在最佳实验条件下，用建立的 Fe_3O_4/N-G-MSPE/GC-MS/MS 方法对本地区的 3 个环境水样（生活废水、实验室自来水和地表水样）进行分析检测，在生活废水样品中检测到 TCS 和 PCMX 两种有机氯污染物，浓度分别为 7.21μg/L 和 5.38μg/L，HCB 和 PCB-153 未检出。生活废水和加标浓度为 1.00μg/L 的生活废水的多反应监测（MRM）离子流如图 4-21 所列。同时，

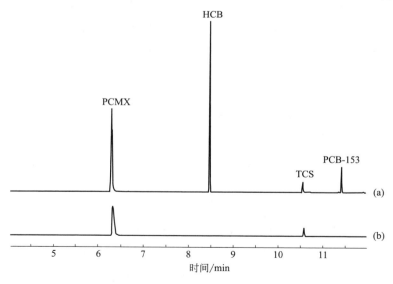

图 4-21　加标生活废水（a）和生活废水（b）的 MRM 离子流

考察了 3 个加标水平的回收率。结果如表 4-15 所列，4 种目标物的回收率在 68.3%～103.4% 之间，可以满足环境水样分析的需求。

表 4-15　水样中 4 种目标化合物的测定

分析物	加标 /(μg/L)	生活废水(n=3)			实验室自来水(n=3)			地表水样(n=3)		
		测得量 /(μg/L)	回收率 /%	RSD /%	测得量 /(μg/L)	回收率 /%	RSD /%	测得量 /(μg/L)	回收率 /%	RSD /%
PCMX	0	5.38		3.9	ND			ND		
	0.20	0.15	73.5	3.1	0.14	69.7	3.2	0.14	70.8	1.9
	1.00	0.77	76.9	1.8	0.70	69.5	2.6	0.71	71.4	3.5
	8.00	5.78	72.2	2.6	5.46	68.3	3.6	5.61	70.1	3.3
HCB	0	ND			ND			ND		
	0.20	0.18	87.9	5.1	0.18	90.7	3.6	0.17	87.2	6.3
	1.00	0.88	88.2	0.6	0.88	87.6	1.8	0.96	96.1	1.1
	8.00	7.62	95.3	1.4	8.14	101.7	0.7	7.49	93.6	3.0
TCS	0	7.21		3.8	ND			ND		
	0.20	0.19	93.6	2.8	0.17	85.3	3.6	0.19	95.8	3.7
	1.00	0.90	90.0	0.5	1.00	99.6	0.7	0.96	96.0	2.5
	8.00	7.81	97.6	3.4	8	100.2	3.9	8.27	103.4	1.7
PCB-153	0	ND			ND			ND		
	0.20	0.19	93.1	2.5	0.19	97.3	3.2	0.18	88.7	2.7
	1.00	0.86	85.6	2.1	0.94	93.7	3.6	0.95	93.9	1.1
	8.00	6.87	85.9	3.4	7.90	98.8	1.6	7.70	96.2	1.8

注：ND 表示未检出。

4.7　基于磁性氯甲基聚苯乙烯微球的 MSPE-GC-MS/MS 分析环境水样中的硝基苯类化合物

本方法采用一步细乳聚合法[91] 成功地制备了氯甲基聚苯乙烯包覆的 Fe_3O_4 纳米微球（CMPNs），该疏水的磁性纳米微球表面的氯甲基聚苯乙烯层容易通过 π-π 作用吸附芳香类化合物。将其用于水样中邻苯二甲酸酯的磁性固相萃取，并取得了较好的萃取效果，而将该材料用于环境水样中硝基苯类化合物的磁性固相萃取还未见报道。本研究以 CMPNs 为磁性固相萃取的磁性吸附剂，在超声辅助下，通过对 CMPNs 用量、超声萃取时间和洗脱溶剂用量等影响磁性固相萃取效率的相关因素进行系统优化，结合气相色谱-串联质谱（GC-MS/MS）分析，旨在建立一种简便快速、绿色环保的筛查环境水样中痕量硝基苯类物质的分析方法。

4.7.1 实验部分

4.7.1.1 试剂与仪器

① 试剂　甲醇、丙酮均为色谱纯试剂，购自 Merck 公司（Darmstadt，德国）。NaCl 为分析纯购于杭州华东医药集团公司。

② 仪器　Agilent 7890A-7000B 气相色谱三重四级杆质谱仪（美国 Agilent 公司），色谱柱为 HP-INNOWAX 柱 [60m×0.25mm（内径）×0.25μm，美国 J&W 公司]，CTC 多功能自动进样器（瑞士 CTC 公司）；超高纯水由 Milli-Q 公司的水纯化系统制备（18MΩ，Millipore，Bedford，MA，USA）。

③ 标准品　7 种硝基苯标品（100μg/L）购于百灵威公司；由丙酮配制为 10μg/mL 标准储备液，4℃ 避光保存，根据需要再用丙酮逐级稀释成不同浓度的系列混合标准工作溶液。如表 4-16 所列。

表 4-16　7 种硝基苯类物质的结构信息

序号	中文名称	英文名称	CAS 号	结构式
1	硝基苯	nitrobenzen	98-95-3	
2	2-硝基甲苯	2-nitrotoluene	88-72-2	
3	3-硝基甲苯	3-nitrotoluene	99-08-1	
4	4-硝基甲苯	4-nitrotoluene	99-99-1	
5	3-硝基氯苯	1-chloro-3-nitrobenze	121-73-3	

续表

序号	中文名称	英文名称	CAS 号	结构式
6	4-硝基氯苯	1-chloro-4-nitrobenzene	99-99-0	
7	2-硝基氯苯	1-chloro-2-nitrobenzene	88-73-3	

实际样品：不同地点采集的地表水水样；所有实际水样实验前均过 $0.45\mu m$ 滤膜以消除颗粒杂质干扰，在 4℃下暗处保存，备用。

4.7.1.2 氯甲基化磁性聚苯乙烯微球的合成与表征

氯甲基化磁性聚苯乙烯微球（chloromethylated polystyrene-coated magnetic nanoparticles，CMPNs）的具体合成步骤如图 4-22 所示。磁滞回线表征结果显示 CMPNs 的饱和磁化强度为 10.33emu/g，略低于纳米颗粒完全能够实现磁性分离的饱和磁化强度 16.3emu/g，材料的剩磁和矫顽力为零，说明该材料基本不存在磁滞现象，具有较好的超顺磁性。透射电镜表征结果显示微球的粒径都在 20～60nm。也可以看出大部分微球中四氧化三铁的量相对来说都比较少，虽然这样可以提供更强的吸附效果，但同时也削弱了 CMPNs 的饱和磁化强度。有的 Fe_3O_4 不是完全包覆在微球内部，而是在其边上，在过酸的环境中使用可能会破坏材料结构。

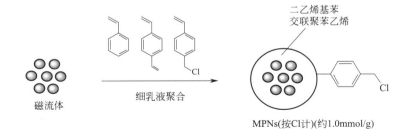

图 4-22 氯甲基化磁性聚苯乙烯微球的合成步骤

4.7.1.3 磁性固相萃取

在 100mL 加标水样中加入 34g NaCl，完全溶解后，加入 15 mg 用 3mL 甲醇、3mL 水活化后的 CMPNs 材料，超声萃取 4min 后经外加磁场分离，弃去水样，接着用 3mL 的丙酮溶剂对磁性吸附剂材料上的硝基苯类化合物超声洗脱 1min，收集洗脱液，常温下氮吹至 1mL 以下。最后用丙酮定容至 1mL，过 0.22μm 尼龙滤膜，取 1μL 进气质联用分析。

4.7.1.4 色谱质谱条件

（1）气相色谱条件

色谱柱：HP-INNOWAX[60m×0.25mm（内径）×0.25μm]。

程序升温：50℃保持 2min，以 20℃/min 速率升温至 250℃，保持 5min。

载气：He。

流速：1mL/min。

进样口温度：240℃。

进样量：1μL。

分流比：5：1。

（2）质谱条件

电子轰击离子源（EI），电离能量：70eV。

离子源温度：230℃。

色谱质谱传输杆温度：250℃。

质量扫描范围：29～650amu。

淬灭气：He，流速 2.25mL/min，碰撞气 N_2 流速 1.5mL/min。

检测方式：多反应监测模式（MRM），7 种 NBs 的质谱测定参数，如表 4-17 所列。

表 4-17　7 种硝基苯类化合物的质谱测定参数

序号	硝基苯	RT/min	分子量	前体离子	碎片离子（碰撞能量）	
1	硝基苯	8.61	123.1	123	77(10V)	93(5V)
2	2-硝基甲苯	10.45	137.1	120	92(5V)	65(15V)
3	3-硝基甲苯	11.37	137.1	137	107(5V)	91(10V)
4	4-硝基甲苯	11.80	137.1	137	91(15V)	79(15V)
5	3-硝基氯苯	12.03	157.5	157	111(15V)	99(10V)
6	4-硝基氯苯	12.23	157.5	157	127(5V)	99(10V)
7	2-硝基氯苯	12.36	157.5	157	127(5V)	99(10V)

4.7.2　结果与讨论

4.7.2.1 CMPNs 的吸附等温线

吸附等温线对了解硝基苯类物质在 CMPNs 材料表面的吸附性能非常重

要。15mg CMPNs 材料被用来吸附 100mL 水中不同浓度条件下的 7 种 NBs。平衡吸附量（Q_e）与平衡浓度（C_e）的定量关系符合 Langmuir 等温吸附模型，由吸附等温式可得硝基苯饱和吸附量为 4723ng/g，其余 6 种硝基苯类物质饱和吸附量为 14024～23578ng/g。从图 4-23 中可以看出，NBs 浓度增大到 4μg/L 时，CMPNs 材料对它们的吸附还没有达到饱和。

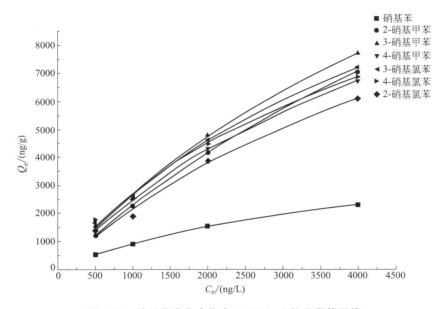

图 4-23　硝基苯类化合物在 CMPNs 上的吸附等温线

4.7.2.2　磁性固相萃取条件的优化

为了获得 CMPNs 对 NBs 的最佳萃取效率。本实验分别对影响萃取过程的主要因素如磁性萃取材料种类、盐浓度、磁性萃取材料用量、萃取时间、洗脱溶剂体积、洗脱时间等因素进行了优化。本实验优化过程的加标水样浓度为 1μg/L。

（1）萃取材料种类的影响

如图 4-24 所示，本实验考察了 6 种不同磁性材料对硝基苯类物质的萃取效果，图中从左到右依次是 $Fe_3O_4@SiO_2$、乙烯基硅烷修饰的 $Fe_3O_4@SiO_2$、聚合离子液体修饰的 $Fe_3O_4@SiO_2$、CMPNs、羧化 $Fe_3O_4@SiO_2$ 和氨化 $Fe_3O_4@SiO_2$。从图 4-24 中可以看出 CMPNs 明显优于其他 5 种材料，原因可能是其他 5 种磁性材料与硝基苯之间基本不存在 π-π 相互作用，而硝基苯类物质本身也比较亲水，很难依靠疏水作用来达到萃取效果，而 CMPNs 表面含有大量苯环结构，能通过 π-π 相互作用吸附硝基苯类化合物。

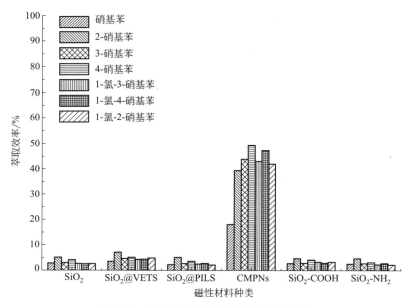

图 4-24　磁性材料种类对萃取效率的影响

（2）盐浓度的影响

本实验考察了 4 个 NaCl 浓度水平（0、15g/100mL、25g/100mL、34g/100mL）对萃取效率的影响，其对萃取效率的影响，如图 4-25 所示，发现随着 NaCl 浓

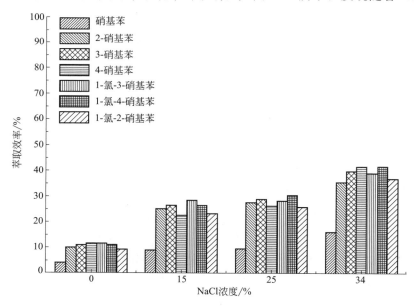

图 4-25　盐浓度对萃取效率的影响

度的升高，萃取效率有明显的改善，当 NaCl 浓度为 34％时，萃取效果最好。大多数资料显示，25℃时 100g 水能溶解 36.5g 的 NaCl，在当时室温下实际测试结果是：100g 水恰好能完全溶解 33.75g 的 NaCl，所以本实验所选取的浓度水平 34g/100mL 应该是接近饱和的氯化钠溶液。萃取效率增加可能的原因是盐析效应，即 NaCl 的加入降低了硝基苯在水中的溶解度，在之后的实验中 NaCl 的浓度为 34％。

（3）萃取材料用量的影响

本实验考察了 CMPNs 材料用量（5.0～20.0mg）对萃取效率的影响。实验在 34％的盐浓度，4min 的超声萃取时间，4mL 的丙酮洗脱溶液超声洗脱 2min 条件下进行。结果如图 4-26 所示，当 CMPNs 材料用量从 5mg 增加到 15mg 时，萃取效率逐渐增高，继续增大材料用量萃取效率基本不变，说明 15mg 的吸附剂用量已能够使溶液中的硝基苯吸附量达到最大值，所以本实验选取 CMPNs 材料用量为 15mg。

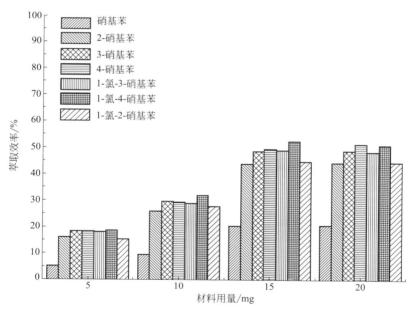

图 4-26　萃取材料用量对萃取效率的影响

（4）萃取时间的影响

根据本课题组[92]之前的工作，超声辅助萃取能大大缩短萃取时间，所以本实验考察了 4 个不同的超声萃取时间（4min、8min、12min、16min）对萃取效率的影响。如图 4-27 所示，从图中数据可以看出从 4min 到 16min，萃取效率基本没有变化，考虑到 CMPNs 的亲水性较差，4min 之前该材料在水中不能完全分散，在 4min 时悬浊液才达到比较均匀的状态，因此最后选择 4min 作为超声萃取时间。

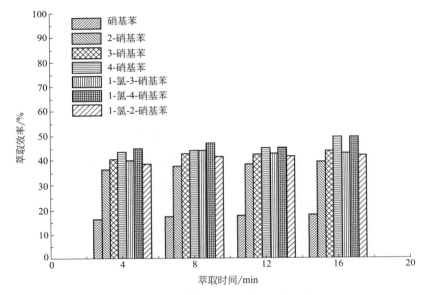

图 4-27　超声萃取时间对萃取效率的影响

（5）洗脱溶剂体积的影响

在前期工作的基础上，本实验对比了甲醇和丙酮的洗脱效果，发现丙酮洗脱效果较佳，因此本实验选取丙酮为洗脱剂，并考察了洗脱溶剂体积（1mL、2mL、3mL、4mL）对萃取效率的影响。如图 4-28 所示，1～2mL 的丙酮几乎没有洗脱能力，而洗脱剂体积在 3mL 以上萃取效率基本不变。磁性固相萃取过程所用的容器为 200mL 的锥形瓶，内部底表面积太大，当洗脱溶剂体积为 1～2mL 时，丙酮不足以浸润整个底部，而且该瓶子在弃去氯化钠水溶液后，用丙酮洗脱时瓶壁与材料表面会析出部分氯化钠，从而干扰少量丙酮洗脱液的提取，所以效果整体偏差。为了节省溶剂消耗，又能得到较佳的萃取效果，最后选取 3mL 丙酮作为该前处理过程的洗脱溶剂。

（6）洗脱时间的影响

本实验对比了洗脱过程采用震荡及超声对萃取效率的影响，并对超声时间进行优化。图 4-29 从左至右依次是手摇 1min，超声 1min、2min、3min、4min 的萃取效率。从图 4-29 中可以看出 3mL 的丙酮超声 1min 时萃取效果最

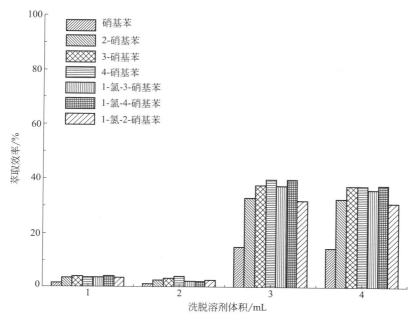

图 4-28　洗脱溶剂体积对萃取效率的影响

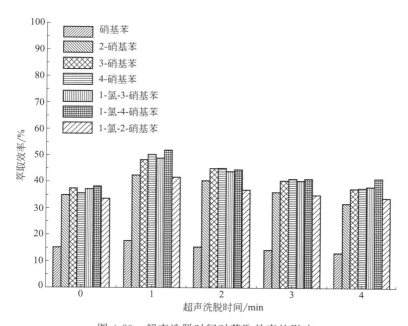

图 4-29　超声洗脱时间对萃取效率的影响

佳，而不超声改为手摇的效果略差，超声 2min 及以上时间萃取效果变差的原因可能是由于丙酮洗脱剂量比较少又比较容易挥发，在一个相对较大容器中超声，该过程丙酮损失逐渐增多，导致洗脱效果不足，因此本实验选取的洗脱条件为 3mL 丙酮超声 1min。

4.7.3 MSPE方法评估

4.7.3.1 CMNPs 的重复利用性

根据本课题组[92]之前的研究，发现 CMPNs 的萃取效率会随着实验次数的增加而逐渐降低。为了验证 CMPNs 在硝基苯的萃取中是否可以重复利用，本实验考察了 CMPNs 萃取剂循环使用 4 次对硝基苯类物质的萃取效率，由图 4-30 显示，随着使用次数增加，CMPNs 萃取剂对硝基苯的萃取效率逐渐下降。从实验现象上也可以发现，随着材料的使用次数的增加，该材料磁分离的速率逐步增快，原因可能是萃取及洗脱过程中的超声作用使 CMPNs 萃取剂表面的部分氯甲基化聚苯乙烯层脱离到溶液中，导致萃取效率减弱。

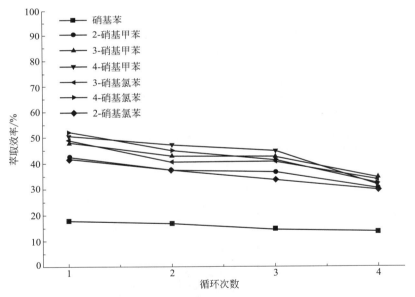

图 4-30　CMNPs 使用次数对萃取效率的影响

4.7.3.2　方法的线性范围、检出限

在优化的实验条件下，对 7 种硝基苯的线性范围、相关系数、最低检出限、精密度进行了考察，结果如表 4-18 所列，7 种硝基苯类物质在 $0.2\sim4\mu g/L$ 质量浓度范围内与色谱峰面积线性关系良好，其相关系数 $0.9973\sim0.9991$。检出限（$S/N=3$）和定量限（$S/N=10$）分别为 $0.006\sim0.022\mu g/L$ 和

$0.020 \sim 0.067 \mu g/L$。日内精密度是在同一天平行测定 6 次 $1\mu g/L$ 的 NBs 的加标水样，RSD 值为 $0.5\% \sim 5.8\%$。但是由于该材料在浓度较低时就达到了吸附饱和，导致吸附的线性浓度区域太窄，进而导致回归方程线性范围较窄。以上结果表明，该 MSPE 方法结合气相色谱质谱法对 NBs 的测定具有良好的灵敏度和重现性，并且在低浓度时呈现良好的线性关系，满足水样中痕量有机污染物的分析要求。

表 4-18 最优条件下 CMPNs-MSPE/GC-MS/MS 联用法的方法评价

分析物	线性范围 /$(\mu g/L)$	线性方程	R	LOD /$(\mu g/L)$	LOQ /$(\mu g/L)$	RSD $(n=6)/\%$
硝基苯	$0.2 \sim 4$	$y = 303.37x + 113.36$	0.9978	0.014	0.046	3.6
2-硝基甲苯	$0.2 \sim 4$	$y = 1601.20x + 60.84$	0.9991	0.010	0.032	0.3
3-硝基甲苯	$0.2 \sim 4$	$y = 1545.80x + 128.70$	0.9976	0.006	0.020	3.5
4-硝基甲苯	$0.2 \sim 4$	$y = 876.19x + 93.82$	0.9979	0.007	0.022	3.2
3-硝基氯苯	$0.2 \sim 4$	$y = 595.94x + 61.37$	0.9979	0.018	0.059	5.3
4-硝基氯苯	$0.2 \sim 4$	$y = 612.14x + 72.43$	0.9973	0.018	0.061	0.7
2-硝基氯苯	$0.2 \sim 4$	$y = 533.44x + 27.67$	0.9982	0.022	0.067	0.4

4.7.3.3 与其他方法的比较

将 CMPNs-MSPE 与其他方法，如 LLE[93]、SPE[94]、SDME[95]、LPME[96] 和 IL-Fe$_3$O$_4$@G-MSPE[81] 等进行了比较，结果如表 4-19 所列。从表 4-19 可以看出，与 SPE、SDME 和 LPME 相比，本书提出的 CMPNs-MSPE 方法在超声萃取过程中只需 4min 即可，因此在整个前处理过程中该法大大缩短了所需时间，使得操作过程简单。与 GC-MS/MS 联用后检测限可以做到 $0.006 \sim 0.022 \mu g/L$，远低于其他方法。

表 4-19 与其他方法比较

方法	萃取时间 /min	样品体积 /mL	萃取材料	萃取材料 用量	检出限 /$(\mu g/L)$
LLE[93]	12	500	二氯甲烷	50mL	$0.88 \sim 3.47$
SPE[94]	90	500	甲醇，乙酸乙酯	17mL	$0.01 \sim 0.29$
SDME[95]	120	1	IL	$6.5\mu L$	10.3
LPME[96]	30	8	$[C_4MIM][PF_6]$	$3\mu L$	1.38
IL-Fe$_3$O$_4$@G-MSPE[81]	20	10	IL-Fe$_3$O$_4$@G	$144\mu L/3mg$	$1.35 \sim 3.57$
CMPNs-MSPE	4	100	CMPNs	15mg	$0.006 \sim 0.022$

4.7.4 实际样品测定

在最优条件下，采用建立的 CMPNs-MSPE/GC-MS/MS 联用法分析了 14 个点的水样。最终在一个水样中检测到了 4-硝基氯苯，浓度为 62ng/L，其他均未检出。同时，对 3 个水样在 500ng/L 的浓度下做了加标回收实验，平行测定 3 次，计算方法的回收率和相对标准偏差，3 种实际水样的加标测试结果列于表 4-20。从表 4-20 中可知，7 种硝基苯类物质的加标回收率在 72.3%～113.5% 之间，RSD 值在 0.7%～5.8% 之间，可以满足于环境水样中硝基苯类化合物的分析要求。其中，空白样品和加标后样品的色谱如图 4-31 所示。

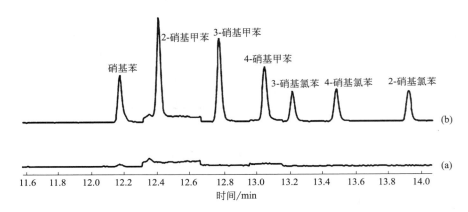

图 4-31　水样中 7 种硝基苯空白（a）和加标 500ng/L（b）的色谱

表 4-20　三处实际环境水样中 NBs 的测定及加标回收率

分析物	加标浓度 /(ng/L)	水样 1(n=3)		水样 2(n=3)		水样 3(n=3)	
		检出限 /(ng/L)	回收率 /%	检出限 /(ng/L)	回收率 /%	检出限 /(ng/L)	回收率 /%
硝基苯	0	ND		ND		ND	
	500	465	92.9±0.7	482	96.3±2.7	567	113.5±2.8
2-硝基甲苯	0	ND		ND		ND	
	500	364	72.8±3.7	403	80.6±1.6	406	81.2±3.0
3-硝基甲苯	0	ND		ND		ND	
	500	401	80.2±5.3	368	73.6±1.3	397	79.4±1.3
4-硝基甲苯	0	ND		ND		ND	
	500	379	75.7±5.8	371	73.2±0.6	381	76.3±0.6

分析物	加标浓度 /(ng/L)	水样 1(n=3)		水样 2(n=3)		水样 3(n=3)	
		检出限 /(ng/L)	回收率 /%	检出限 /(ng/L)	回收率 /%	检出限 /(ng/L)	回收率 /%
3-硝基氯苯	0	ND		ND		ND	
	500	403	80.6±3.3	414	82.8±0.5	365	73.1±3.1
4-硝基氯苯	0	ND		ND		62	
	500	362	72.3±5.0	385	76.9±3.9	402	80.4±3.2
2-硝基氯苯	0	ND		ND		ND	
	500	375	73.9±3.1	395	79.1±1.9	393	78.7±1.5

注：ND 表示未检出，下同。

4.8 基于磁性酸化石墨烯纳米材料的 MSPE-GC-MS/MS 分析环境水样中的酚类化合物

本方法采用自主合成的磁性酸化石墨烯，并将其作为吸附剂固相萃取环境水样中的 6 种酚类物质，优化了可能影响磁性固相萃取的条件如萃取材料用量、萃取时间、洗脱溶剂种类及洗脱溶剂体积等，将其吸附效果与磁性石墨烯材料对比。在最优条件下，对建立的方法进行方法学评价及实际水样的检测。

4.8.1 实验部分

4.8.1.1 试剂与仪器

① 仪器　Agilent 7890A-7000B 气相色谱三重四级杆质谱仪（美国 Agilent 公司），色谱柱为 HP-INNOWAX 柱 [60m×0.25mm（内径）×0.25μm，美国 J&W 公司]，CTC 多功能自动进样器（瑞士 CTC 公司）；超高纯水由 Milli-Q 公司的水纯化系统制备（18MΩ，Millipore，Bedford，MA，美国）。X'Pert PRO X 射线粉末衍射仪（PANalytical，荷兰），Cu 靶 Kα 射线（$\lambda=0.154056nm$），Ni 过滤；S-4700 扫描电镜（日立公司，日本）。

② 试剂　甲醇、乙酸乙酯、乙醇、丙酮为色谱纯试剂购自 Merck 公司（Darmstadt，德国）；十二水合硫酸铁铵 [$FeNH_4(SO_4)_2 \cdot 12H_2O$] 和六水合硫酸亚铁铵 [$Fe(NH_4)_2(SO_4)_2 \cdot 6H_2O$] 购自阿拉丁化学试剂有限公司（上海）。浓硝酸（71%）购于苏州晶锐化学有限公司。

③ 标准品　2,6-二叔丁基对甲酚（2,6-DTBMP）、2-叔丁基苯酚（2-

TBP)、2,4-二氯酚（2,4-DCP）、4-叔丁基苯酚（4-TBP）、2,4-二叔丁基苯酚（2,4-DTBP）、4-氯酚（4-CP）纯度均大于 99.0%，购于百灵威公司；由乙醇配制为 $1000\mu g/mL$ 标准储备液，4℃ 避光保存，根据需要再用乙醇逐级稀释成不同浓度的系列混合标准工作溶液。如表 4-21 所列。

表 4-21　6 种酚类物质的结构信息

序号	中文名称	英文名称	CAS登录号	结构式
1	2,6 二叔丁基对甲苯酚	2,6-ditertbutyl-4-methylphenol	128-37-0	
2	2-叔丁基苯酚	2-tertbutylphenol	88-18-6	
3	2,4-二氯酚	2,4-dichlorophenol	120-83-2	
4	4-叔丁基苯酚	4-tertbutylphenol	98-54-4	
5	2,4-二叔丁基苯酚	2,4-ditertbutylphenol	96-76-4	
6	4-氯酚	4-chlorophenol	106-48-9	

④ 实际样品　本地区 3 个点的水样；所有实际水样实验前均过 $0.45\mu m$ 滤膜以消除颗粒杂质干扰，在 4℃ 下暗处保存，备用。

4.8.1.2　磁性酸化石墨烯的合成

磁性酸化石墨烯（Fe_3O_4@G-COOH）的合成包括两步。第一步是石墨烯的酸化，参考文献先将 0.3g 石墨烯分散到 50mL 的浓硝酸中，在 60℃ 的油浴中搅拌并保持 7h，待冷却后抽滤得滤饼，接着用超纯水将滤饼洗至中性，在真空干燥箱中 50℃ 干燥过夜，得到酸化石墨烯。

第二步采用共沉淀法合成磁性酸化石墨烯，称取 0.25g 酸化石墨烯至烧杯，加 50mL 水超声 10min 混匀，转移至装有 0.85g $(NH_4)_2Fe(SO_4)_2 \cdot 6H_2O$ 和 1.25g $NH_4Fe(SO_4)_2 \cdot 12H_2O$ 的三口烧瓶中，再加 50mL 水润洗烧杯倒入三口烧瓶，机械搅拌 10min，50℃ 油浴下逐滴加入 5mL，8mol/L 氨水，搅拌 2h。磁性分离得到沉淀物，水洗至中性，接着用乙醇洗 3 次。40℃ 真空干燥，最终得到 0.58g 磁性酸化石墨烯。

4.8.1.3 磁性固相萃取过程

取 25mg 磁性酸化石墨烯材料，用 3mL 甲醇，3mL 水活化，加入 50mL 水样中超声萃取 1min，静置磁分离，待完全分离后弃去上层水样，接着用 2.5mL 丙酮超声 2min 洗脱 2 次，合并洗脱液在 35℃ 下氮吹，用丙酮定容到 1mL，取 $1\mu L$ 进 GC-MS/MS 分析。

色谱质谱条件如下。

（1）GC 条件

色谱柱：HP-INNOWAX [60m×0.25mm（内径）×0.25μm]。

程序升温：100℃，以 20℃/min 速率升温至 180℃，保持 10min，再以 30℃/min 速率升温至 220℃，保持 4min，接着以 20℃/min 速率升温至 250℃，保持 3min。

载气：He。

流速：1mL/min。

进样口温度：250℃。

进样量：$1\mu L$（不分流模式）。

（2）MS 条件

电子轰击离子源（EI），电离能量 70eV。

离子源温度：30℃。

色谱质谱传输杆温度：250℃。

质量扫描范围：29～650amu。

淬灭气（He）流速：2.25mL/min；碰撞气（N_2）流速 1.5mL/min。

检测方式：多反应监测模式（MRM），6 种 NBs 的质谱测定参数见表 4-22。

表 4-22　6 种酚类化合物的质谱测定参数

序号	酚类	RT/min	分子量	前体离子	碎片离子（碰撞能量）
1	2,6-DTB	11.13	220.4	220	220(10V) 205(10V)
2	2-TBP	16.65	150.2	150	150(5V) 135(5V) 107(5V)

序号	酚类	RT/min	分子量	前体离子	碎片离子（碰撞能量）
3	2,4-DCP	16.78	163.0	161.9	161.8(20V)62.8(20V)
4	4TBP	18.73	150.2	150	150(5V)133.9(5V)106.7(15V)
5	2,4-DTBP	18.98	206.3	206.1	206.1(10V)191(10V)
6	4-CP	21.33	129.6	127.9	127.8(20V)99.8(20V)63.9(20V)38.9(20V)

4.8.2 结果与讨论

4.8.2.1 磁性酸化石墨烯的表征

图 4-32 为 Fe_3O_4@G-COOH 材料的 XRD 图，2θ 在 30.1°、35.4°、43.1°、53.4°、57.0°处的衍射峰分别对应 Fe_3O_4 的 （220）、（311）、（400）、（422）和 （511）晶面，与 JCPDS 卡片 （03-065-3107）的 Fe_3O_4 的特征衍射峰吻合。由此可见，石墨烯已成功负载上四氧化三铁纳米颗粒。

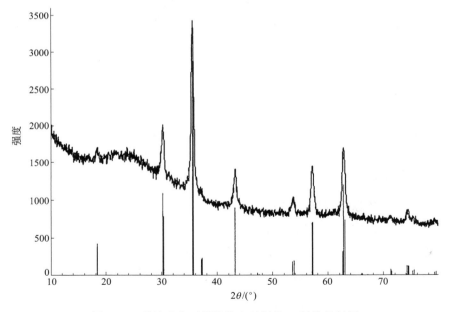

图 4-32 磁性酸化石墨烯纳米材料的 X 射线衍射图

图 4-33 为磁性酸化石墨烯的红外表征图，可以很明显看到 $3400cm^{-1}$ 左右的—OH 伸缩振动峰，还有 $1731cm^{-1}$ 处的 C═O 伸缩振动和 $1254cm^{-1}$ 的 C—O—C 伸缩振动峰，说明石墨烯已经被酸化氧化。

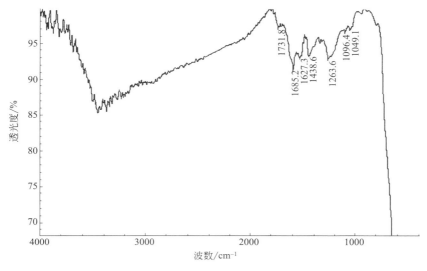

图 4-33　磁性酸化石墨烯的红外图

　　图 4-34 为 $Fe_3O_4@G-COOH$ 磁性纳米材料的扫描透射图，从图 4-34 中首先可以看出，酸化石墨烯的光滑表面附着了很多的细小颗粒，说明 Fe_3O_4 纳米粒子成功地附着在酸化石墨烯的表面。而且一些颗粒之间存在团聚现象，与已有的文献报道一致。

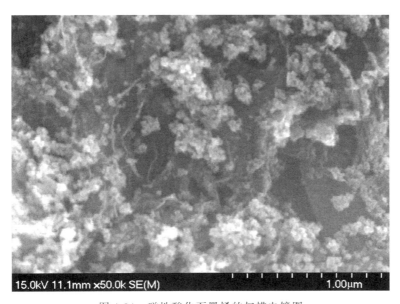

图 4-34　磁性酸化石墨烯的扫描电镜图

4.8.2.2 磁性固相萃取条件的优化

为了获得 Fe_3O_4@G-COOH 对酚类物质的最佳萃取效率，本实验分别对影响萃取过程的主要因素如磁性萃取材料用量、萃取时间、洗脱溶剂种类、洗脱体积等因素进行了优化。本实验优化过程的加标水样浓度为 $1000\mu g/L$。

（1）萃取材料用量的影响

本实验考察了不同用量（15mg、20mg、25mg、30mg）的 Fe_3O_4@G-COOH 纳米材料吸附剂对水样中酚类物质萃取效率的影响。如图 4-35 所示，当材料用量从 15mg 增大到 25mg，2-TDP、2,4-DCP 和 2,4-DTBP 萃取效果有微弱的增加，而 25～30mg 时萃取效率没有太大变化，最终选择 25mg 材料量来优化接下来的实验。

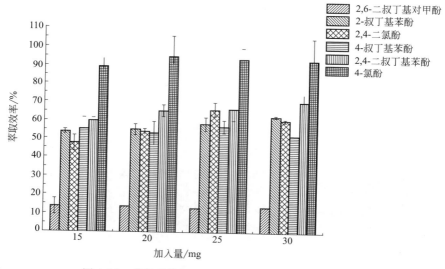

图 4-35 磁性酸化石墨烯材料用量对萃取效率的影响

（2）萃取时间的影响

萃取时间的优化对整个萃取过程来说至关重要，萃取时间必须满足吸附材料与分析物的相互作用，同时也不宜过长。本实验选取了（1min、2min、3min、4min）4 种超声萃取时间，结果显示 1min 足够使吸附剂与分析物之间的相互作用达到平衡，所以最后选择 1min 的超声萃取时间作为最佳萃取时间。之前有文献报道[97]，用 Fe_3O_4@ GO 作为吸附材料固相萃取水样中的 PCB-28，萃取时间长达 30min，而在超声辅助下萃取，大大节约了萃取时间。如图 4-36 所示。

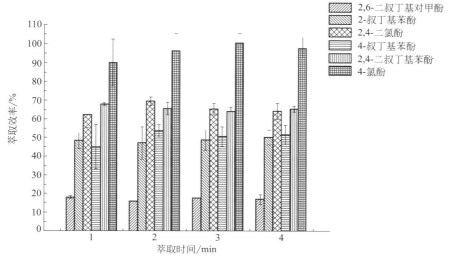

图 4-36　萃取时间对酚类化合物萃取效率的影响

（3）洗脱溶剂的影响

洗脱溶剂的选择是考察洗脱效果非常重要的因素，为了获得 6 种酚类化合物的最佳洗脱效果，本实验使用 5mL 乙醇、丙酮、甲醇、乙酸乙酯分两次洗脱和 2.5mL 乙醇和 2.5mL 丙酮依次洗脱，实验结果如图 4-37 所示。5mL 的丙酮整体洗脱效果最强，而乙醇、甲醇相对较弱，乙酸乙酯效果最差，而且在

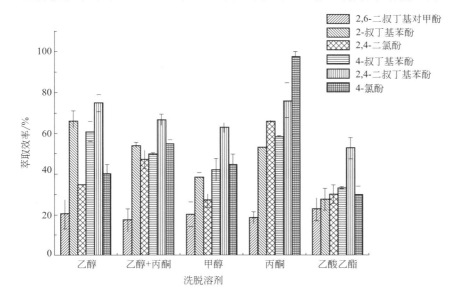

图 4-37　洗脱溶剂对萃取效率的影响

洗脱过程中，由于乙酸乙酯与水不互溶，材料上残留的水导致材料不能较好地分散在乙酸乙酯中，团聚现象严重。

（4）洗脱溶剂体积的影响

本实验考察了洗脱溶剂体积（2mL、3mL、4mL、5mL、6mL、7mL、8mL、9mL）对洗脱效果的影响，洗脱均分成两次进行，每次超声 2min，结果如图 4-38 所示。当丙酮体积为 5mL 时，大多数酚类物质萃取效率达到最大值，而当洗脱溶剂体积大于 5mL 时，酚类物质萃取效率基本不再变化，说明 5mL 的用量就可以洗脱完全。最后选择 5mL 的丙酮作为洗脱溶富集。

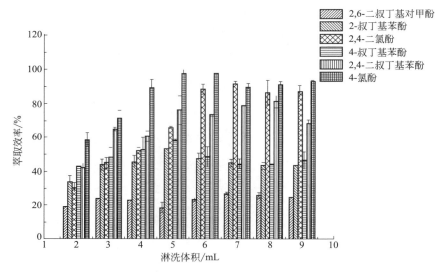

图 4-38　洗脱溶剂体积对酚类化合物萃取效率的影响

（5）磁性材料种类的影响

本实验对比了石墨烯酸化后的磁性材料与未酸化过的萃取效果，如图 4-39 所示，磁性酸化石墨烯的萃取效果整体上低于未酸化过的磁性石墨烯，可能的原因是，酸化破坏了一部分的石墨烯苯环结构，减弱了石墨烯材料的 π-π 作用。

4.8.3　方法评价

4.8.3.1　Fe_3O_4@G-COOH 的重复利用性

为了验证 Fe_3O_4@G-COOH 类材料是否可以重复利用，本实验研究了循环使用 Fe_3O_4@G-COOH 材料对 6 种酚类化合物的萃取效果。每次使用后用 5mL 乙醇，5mL 丙酮清洗材料。结果如图 4-40 所示，随着使用次数的增加，

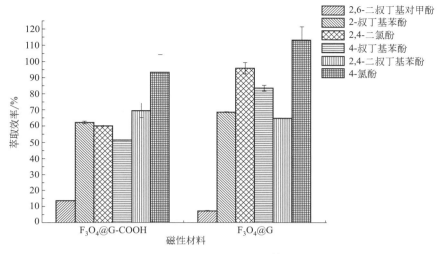

图 4-39　磁性材料种类对酚类物质萃取效率的影响

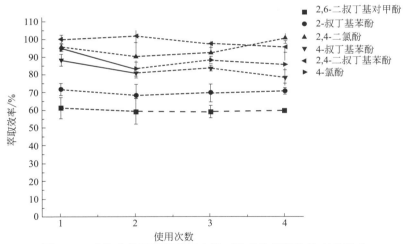

图 4-40　磁性酸化石墨烯使用次数对酚类物质萃取效率的影响

萃取效果没有下降，这说明磁性酸化石墨烯材料是可以多次使用的。

4.8.3.2　方法的线性范围、检出限

在优化的实验条件下，对 6 种酚类化合物的线性范围、相关系数、最低检出限、精密度进行了考察，结果如表 4-23 所列，7 种酚类物质在 0.01～5μg/L 质量浓度范围内与色谱峰面积呈良好的线性关系，其相关系数为 0.9970～0.9999。检出限（$S/N=3$）和定量限（$S/N=10$）分别为 0.001～0.003μg/L 和 0.003～0.009μg/L。日内精密度是在同一日平行测定 6 次 500μg/L 的酚

类物质的加标溶液，RSD 值为 $0.5\%\sim8.6\%$。

表 4-23　最优条件下 $Fe_3O_4/PS[im-C_6]Cl-MSPE/GC-MS/MS$ 联用法的方法评价

分析物	线性范围 /(μg/L)	线性方程	R	LOD /(μg/L)	LOQ /(μg/L)	RSD ($n=6$)/%
2,6-DTBMP	0.1～17	$y=3583x+431$	0.9991	0.006	0.018	3.1
2-TBP	0.1～17	$y=8893x-2956$	0.9970	0.004	0.012	0.5
2,4-DCP	0.1～17	$y=13762x-2040$	0.9996	0.006	0.016	3.3
4-TBP	0.1～17	$y=8414x-2750$	0.9977	0.006	0.018	0.6
2,4-DTBP	0.1～17	$y=15588x+8685$	0.9916	0.004	0.012	8.5
4-CP	0.1～17	$y=26810x-8325$	0.9981	0.002	0.006	8.6

4.8.4　实际样品测定

采用本方法分析了 3 处水样，在已经确定的最优条件下进行检测，结果显示 3 处水样中均未检出 6 种酚类化合物（见图 4-41）。在此基础上，考察了不同样本在 10μg/L 浓度下的加标回收率，每个样本平行萃取测定 3 次，结果如表 4-24 所列。结果显示 6 种酚类化合物加标回收率在 $73.7\%\sim111.3\%$，相对标准偏差在 $1.4\%\sim9.8\%$。

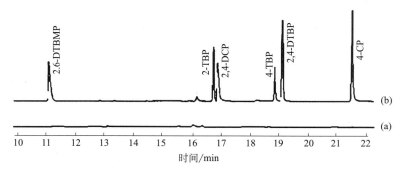

图 4-41　水样中 6 种酚类化合物空白（a）和加标 10μg/L（b）的色谱

表 4-24　实际环境水样中酚类物质的测定及加标回收率

分析物	加标浓度 /(μg/L)	水样 1($n=3$)		水样 2($n=3$)		水样 3($n=3$)	
		检出限 /(μg/L)	回收率 /%	检出限 /(μg/L)	回收率 /%	检出限 /(μg/L)	回收率 /%
2,6-DTBMP	0	ND		ND		ND	
	10	10.2	100.2±6.2	10.37	103.7±3.1	1113	111.3±3.8
2-TBP	0	ND		ND		ND	
	10	9.99	99.9±5.3	9.24	92.4±3.3	7.37	73.7±2.6

续表

分析物	加标浓度 /(µg/L)	水样1(n=3)		水样2(n=3)		水样3(n=3)	
		检出限 /(µg/L)	回收率 /%	检出限 /(µg/L)	回收率 /%	检出限 /(µg/L)	回收率 /%
2,4-DCP	0	ND		ND		ND	
	10	7.93	79.3±6.0	7.85	78.5±2.1	7.51	75.1±6.0
4-TBP	0	ND		ND		ND	
	10	8.75	87.5±1.4	9.31	93.1±7.6	9.39	93.9±3.0
2,4-DTBP	0	ND		ND		ND	
	10	9.85	98.5±2.4	9.15	91.5±3.5	8.35	83.5±9.8
4-CP	0	ND		ND		ND	
	10	10.76	107.6±3.1	11.03	110.3±3.6	9.08	90.8±3.5

注：ND 表示未检出。

4.9 基于离子液体修饰磁性聚苯乙烯微球的 MSPE-GC-MS/MS 分析环境水样中的酚类化合物

本方法采用咪唑类离子液体化学修饰的磁性聚苯乙烯纳米微球作为吸附剂，固相萃取水中 6 种酚类物质，包括叔丁基苯酚和氯酚两大类。考察了该材料的吸附和重复利用性能，优化了吸附剂种类、用量、萃取时间、pH 值、盐浓度、洗脱溶剂种类、上样体积等参数，在最优条件下进行方法学考察和实际样品检测，并根据实验观测到的现象推导该材料对不同酚类物质的吸附作用机理。

4.9.1 实验部分

4.9.1.1 试剂与仪器

① 仪器 Agilent 7000B 气相色谱三重四级杆质谱仪（美国 Agilent 公司），色谱柱为 HP-INNOWAX 柱 [60m×0.25mm（内径）×0.25µm，美国 J&W 公司]，CTC 多功能自动进样器（瑞士 CTC 公司）；超高纯水由 Milli-Q 公司的水纯化系统制备（18MΩ，Millipore，Bedford，MA，美国）。

② 试剂 甲醇、乙醇、丙酮为色谱纯试剂购自 Merck 公司（Darmstadt，德国）。样品前处理用到的 NaOH、NaCl、HCOOH 为分析纯购于华东医药集团公司。

③ 标准品 2,6-二叔丁基对甲酚（2,6-DTBMP）、2-叔丁基苯酚（2-TBP）、2,4-二氯酚（2,4-DCP）、4-叔丁基苯酚（4-TBP）、2,4-二叔丁基苯酚（2,4-DTBP）、4-氯酚（4-CP）纯度均大于 99.0%，购于华东医药；由乙醇配制为 1000μg/mL 标准储备液，4℃ 避光保存，根据需要再用乙醇逐级稀释成不同浓度的系列混合标准工作溶液。如表 4-25 所列。

④ 实际样品 本地区 3 个点的水样；所有实际水样实验前均过 0.45μm 滤膜以消除颗粒杂质干扰，在 4℃ 下暗处保存，备用。

表 4-25 6 种酚类化合物的结构信息

序号	中文名称	英文名称	CAS登录号	结构式
1	2,6 二叔丁基对甲苯酚	2,6-ditertbutyl-4-methylphenol	128-37-0	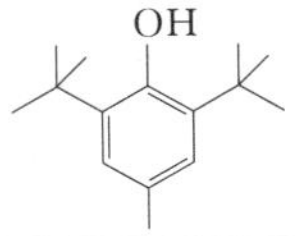
2	2-叔丁基苯酚	2-tertbutylphenol	88-18-6	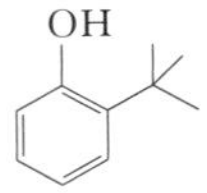
3	2,4-二氯酚	2,4-dichlorophenol	120-83-2	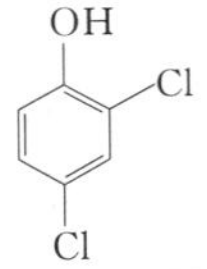
4	4-叔丁基苯酚	4-tertbutylphenol	98-54-4	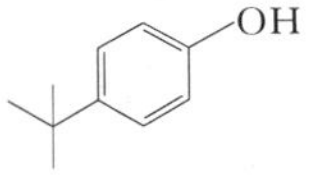
5	2,4-二叔丁基苯酚	2,4-ditertbutylphenol	96-76-4	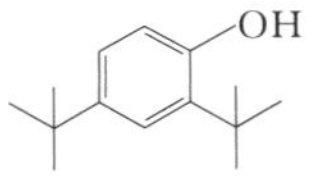
6	4-氯酚	4-chlorophenol	106-48-9	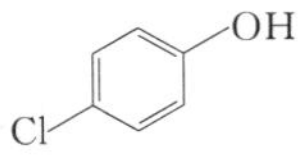

4.9.1.2 离子液体共价修饰的磁性聚苯乙烯的合成

N-烷基咪唑氯离子化学修饰的磁性聚苯乙烯 $Fe_3O_4/PS[im-C_n]Cl$（$n=1,4,6,10$）具体合成步骤如图 4-42 所示。

4.9.1.3 磁性固相萃取过程

首先在 250mL 锥形瓶瓶中加入 100mL 超纯水，再加入 8mg 的 $Fe_3O_4/PS[im-C_6]Cl$ 超声 1min 进行分散，此时溶液呈现比较均匀的橙黄色悬浊液。

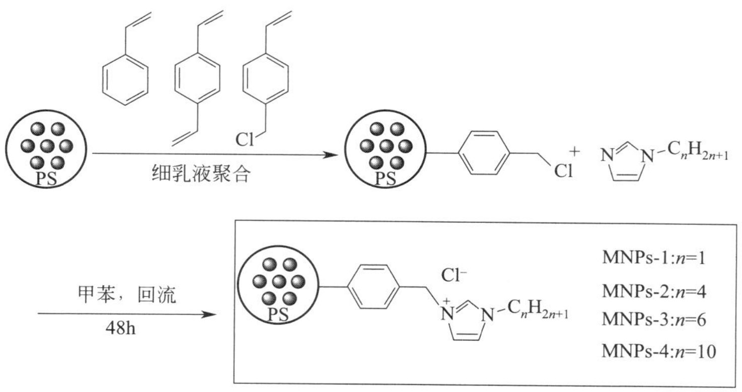

图 4-42　$Fe_3O_4/PS[im-C_n]Cl(n=1,4,6,10)$ 合成步骤

然后将锥形瓶放置在 N50 的 NdFeB 磁铁上，待溶液澄清后弃去上层清液。用 3mL 乙醇（pH=5）洗脱液在超声下对吸附了酚类物质的 $Fe_3O_4/PS[im-C_6]Cl$ 洗脱 2 次，用 NdFeB 磁铁进行分离，分离后将洗脱液合并，在 35℃下氮吹至 1mL 以下，最后用乙醇定容到 1mL 后过 $0.22\mu m$ 尼龙滤膜，待下一步 GC-MS/MS 分析。

4.9.1.4　色谱质谱条件

（1）GC 条件

色谱柱：HP-INNOWAX［60m×0.25mm（内径）×$0.25\mu m$］。

程序升温：100℃，以 20℃/min 速率升温至 180℃，保持 10min，再以 30℃/min 速率升温至 220℃，保持 4min，接着以 20℃/min 速率升温至 250℃，保持 3min。

载气：He。

流速：1mL/min。

进样口温度：250℃。

进样量：$1\mu L$（不分流模式）。

（2）MS 条件

电子轰击离子源（EI），电离能量 70eV。

离子源温度：230℃。

色谱质谱传输杆温度：250℃。

质量扫描范围：29～650amu。

淬灭气（He）流速：2.25mL/min，碰撞气（N_2）流速 1.5mL/min。

检测方式：多反应监测模式（MRM），6 种酚类的质谱测定参数如表 4-26 所列。

表 4-26　6 种酚类化合物的质谱测定参数

序号	酚类	RT/min	相对分子质量	前体离子	碎片离子（碰撞能量）
1	2,6-DTBMP	11.13	220.4	220	220(10V)　205(10V)
2	2-TBP	16.65	150.2	150	150(5V)　135(5V)　107(5V)
3	2,4-DCP	16.78	163.0	161.9	161.8(20V)　62.8(20V)
4	4TBP	18.73	150.2	150	150(5V)　133.9(5V)　106.7(15V)
5	2,4-DTB	18.98	206.3	206.1	206.1(10V)　191(10V)
6	4-CP	21.33	129.6	127.9	127.8(20V)　99.8(20V)　63.9(20V)　38.9(20V)

4.9.2　结果与讨论

4.9.2.1　$Fe_3O_4/PS[im-C_6]Cl$ 材料的等温吸附曲线

吸附等温线对了解酚类化合物在 $Fe_3O_4/PS[im-C_6]Cl$ 材料表面的吸附性能非常重要。图 4-43 为 8mg $Fe_3O_4/PS[im-C_6]Cl$ 材料对 10mL 水中 6 种酚类物质的吸附等温线。6 种酚类化合物的浓度一直到 $10\mu g/L$ 时，$Fe_3O_4/PS[im-C_6]Cl$ 材料对它们的吸附依然成线性，这说明吸附远没有达到饱和。

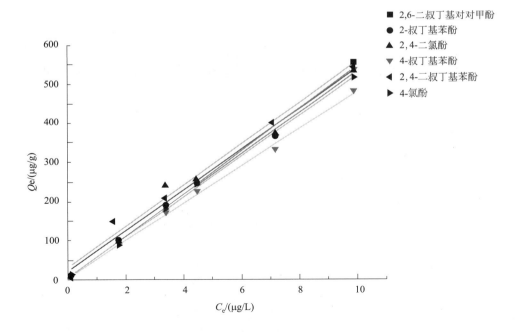

图 4-43　酚类化合物在 $Fe_3O_4/PS[im-C_6]Cl$ 上的吸附等温线

4.9.2.2 萃取条件的优化

为了获得咪唑类离子液体化学修饰磁性聚苯乙烯在超声辅助下对 6 种酚类化合物最佳的萃取效果，本实验优化了磁性固相萃取过程中的主要因素，如吸附剂种类及用量、pH 值、萃取时间、盐浓度、洗脱剂种类及体积等参数。本实验优化过程中的加标水样浓度是 $500\mu g/L$，同时所有的实验都重复 3 次。

（1）萃取材料

咪唑类离子液体对于磁性聚苯乙烯的化学修饰可以使该材料的物理化学性质发生变化，从实验现象上也观察到离子液体修饰的磁性聚苯乙烯微球亲水性更强，因此更易与水中的酚类化合物发生作用，从而提高对目标分析物的萃取效率。在本实验中，对比考察了甲基咪唑、丁基咪唑、己基咪唑、癸基咪唑共价修饰的磁性聚苯乙烯和未修饰的磁性聚苯乙烯材料对环境水样中酚类化合物的萃取效果，试验结果如图 4-44 所示。实验结果表明，对于 2,6-DTBMP 和 2,4-DTBP，离子液体修饰与未修饰的磁性聚苯乙烯微球的萃取能力相当，这 2 种化合物由于 2 个叔丁基的存在，与材料之间的作用力以疏水作用和 π-π 相互作用为主导，所以萃取效率较高。而对于其余 4 种酚类物质，经不同 N-烷基链

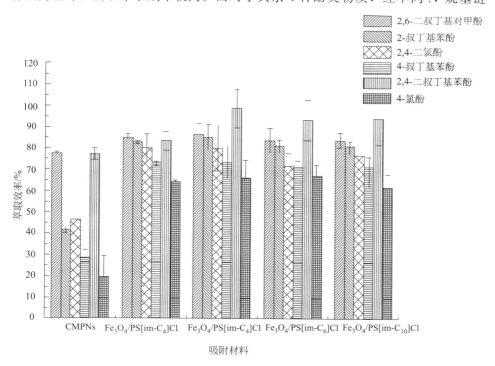

图 4-44　磁性材料种类对萃取效率的影响

长的离子液体修饰后的磁性聚苯乙烯的萃取能力明显提高，并且 4 种不同长度碳链的离子液体修饰材料的萃取效果相差不多，但是在实验过程中发现 $Fe_3O_4/PS[im\text{-}C_1]Cl$ 材料的亲水性太好，导致磁分离最慢，而 $Fe_3O_4/PS[im\text{-}C_{10}]Cl$ 亲水性不够很难均匀分散在水样当中。综合考虑选择 $Fe_3O_4/PS[im\text{-}C_6]Cl$ 材料作为最佳萃取材料。

（2）萃取剂的用量

为考察萃取剂用量对萃取效率的影响，本实验采用 4 种不同用量（4mg、6mg、8mg、10mg）的 $Fe_3O_4/PS[im\text{-}C_6]Cl$ 作为萃取剂。结果如图 4-45 所示，当萃取剂用量从 4mg 增加至 8mg 时 4-TBP 和 4-CP 的萃取效率小幅提升，当材料用量从 8mg 增加到 10mg 时，萃取效果基本没有变化，所以选择 8mg 作为接下来优化实验的材料用量。

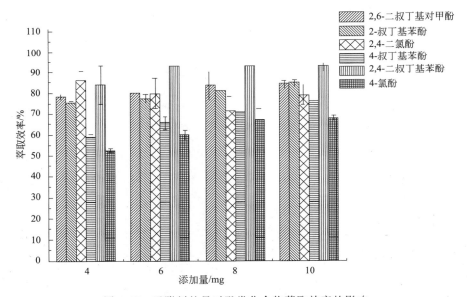

图 4-45　吸附剂的量对酚类化合物萃取效率的影响

（3）萃取时间的影响

最佳的萃取时间是整个分析过程中的关键因素，它既保证了分析物和吸附剂有足够的相互作用时间，又在最大程度上避免浪费不必要的时间。本实验考察了 4 个不同的超声辅助萃取时间（1min、2min、3min、4min）对萃取效率的影响，如图 4-46 所示，发现 1min 就足以达到最佳萃取效果。所以接下来的优化实验选择超声 1min 作为萃取时间。

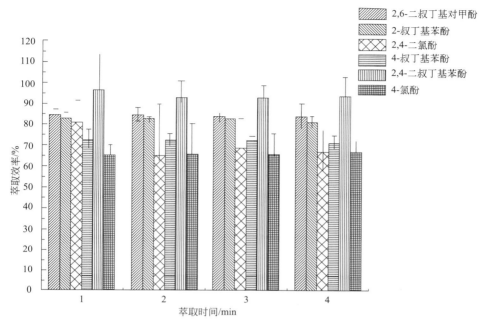

图 4-46　萃取时间对酚类化合物萃取效率的影响

（4）盐浓度的影响

同时还考察了在水样中不同 NaCl 浓度（0、2％、4％、6％）对酚类物质萃取效率的影响。如图 4-47 所示，随着 NaCl 浓度的增加，萃取效率呈现逐渐下降的趋势。可能的解释是，加入 NaCl 会与酚类物质竞争吸附到带正电的咪唑离子液体修饰的材料表面，导致萃取效率的下降，所以最后选择不加 NaCl。

（5）pH 值的影响

pH 值可以影响酚类化合物在水中的存在状态，当 pH 值大于 pK_a 值时，酚羟基会解离成氧负离子，与带正电的咪唑类离子液体修饰的磁性材料产生静电作用。6 种酚类物质的 pK_a 均大于 7，因此考察了 pH 在碱性条件下材料对酚类物质的萃取效率，pH 值的调节是通过滴加 NaOH 水溶液实现的。从图 4-48 中可以看出，4 种叔丁基苯酚类化合物随 pH 值变化影响不大。而两种氯酚类化合物（2,4-DCP 和 4-CP）的萃取效果随 pH 值变化呈现显著的变化。pH 值从 6.3 增加到 9.5 时，2,4-DCP 的萃取效果缓慢升高，4-CP 的萃取效果缓慢下降，pH 值从 9.5 增加到 10 时，2,4-DCP 的萃取效果有较大提升，而 4-CP 的萃取效果迅速下降。

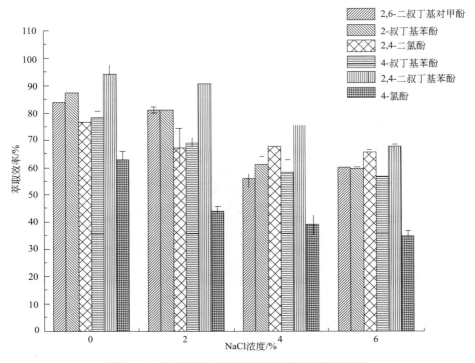

图 4-47　NaCl 浓度对酚类化合物萃取效率的影响

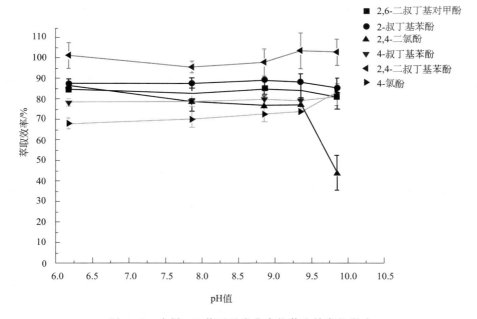

图 4-48　水样 pH 值对酚类化合物萃取效率的影响

查阅资料得知 4-CP 和 2,4-DCP 的 pK_a 值分别为 9.2 和 7.8，所以推断当 pH 值从 6.3 变到 9.5 附近，4-CP 大部分处于分子态，离子态有微量的增加，而静电作用力远大于 π-π 相互作用和疏水作用，所以呈现出来的萃取效果是缓慢增加，而当 pH 值从 9.5 到 10，离子态开始大量增加，所以萃取效果得到了较大提升。2,4-DCP 在 pH 值为 6.3 时以分子态的形式存在，pH 值从 8 到 10 的变化过程是离子态逐步增加的一个的过程，pH 值等于 10 时，2,4-DCP 几乎全部以离子态形式存在。理论上吸附能力应该逐渐增强，但是观测到的现象是整体的萃取效率显著下降，可能的原因就是全部为离子间交换作用力时，溶剂洗脱能力不足所致。为了考察萃取效率下降是否和洗脱不足有关，作者将洗脱过的材料继续用乙醇洗脱，发现仍有较多的 2,4-DCP 残留。既然离子间交换作用力较强导致洗脱困难，那调节洗脱溶液中的 pH 值，使分析物在洗脱过程中重新回到分子态，就可以比较容易地将 2,4-DCP 洗脱下来。因此，作者在 pH 值为 10 的水样中进行磁性固相萃取实验，然后将乙醇洗脱液用乙酸调节到 pH 值为 5，并对比了不调节 pH 值的乙醇，甲醇和丙酮的洗脱能力。结果如图 4-49 所示，用 pH＝5 的乙醇

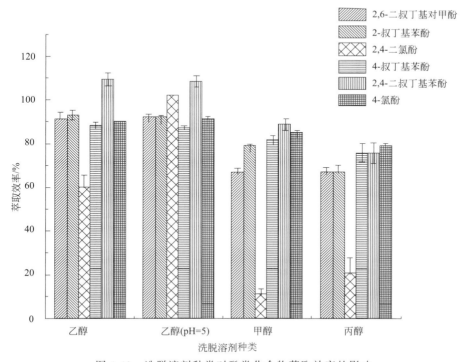

图 4-49　洗脱溶剂种类对酚类化合物萃取效率的影响

洗脱液洗脱，2,4-DCP 的萃取效率果然得到了极大改善。这说明在 pH 等于 10 时 Fe₃O₄/PS［im-C₆］Cl 与氯酚类物质主要通过离子间作用力达到萃取效果。所以最后选择萃取时水样的 pH 值为 10，洗脱时乙醇溶剂的 pH 值为 5。

（6）上样体积

优化过程中的 10mL 水样上样量不能满足较大体积上样的要求，为了得到较好的实验结果及检出限，本实验对样品溶液的体积进行了优化。本实验考察了不同体积（10mL、100mL）的水样上样量对萃取效率的影响。结果如图 4-50 所示，当水样体积增大到 100mL 时，除了 2,6-DTBMP 的萃取效果下降到 60%，较为明显，其余 5 种酚类物质也仍有 70% 以上的萃取效率，考虑到在 100mL 水样中的富集倍数大于在 10mL 水样中，所以最后选择 100mL 作为水样上样体积。

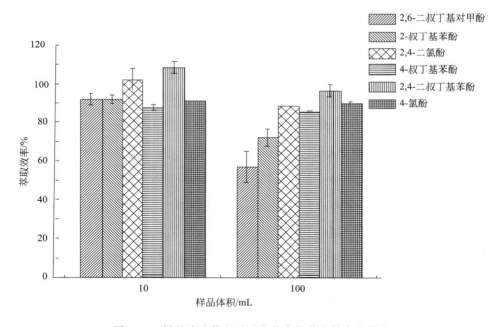

图 4-50　样品溶液体积对酚类化合物萃取效率的影响

4.9.3　MSPE 方法评估

4.9.3.1　Fe₃O₄/PS［im-C₆］Cl 的重复利用性

为了考察 Fe₃O₄/PS［im-C₆］Cl 材料的重复利用性能，本实验循环使用

$Fe_3O_4/PS[im-C_6]Cl$ 材料固相萃取 6 种酚类化合物 4 次。结果如图 4-51 所示，随着使用次数的增加，萃取效果没有下降，这说明在建立的方法下该材料对酚类物质的萃取是可以多次使用的。在本课题组[100] 之前工作的基础上，本实验还考察了 $Fe_3O_4/PS[im-C_6]Cl$ 材料对磺胺类化合物的重复使用情况，图 4-52 显示的结果进一步验证了该材料具有优良的重复使用效果。相较于第一章的 CMPNs 材料，$Fe_3O_4/PS[im-C_6]Cl$ 材料具有极大的优势。

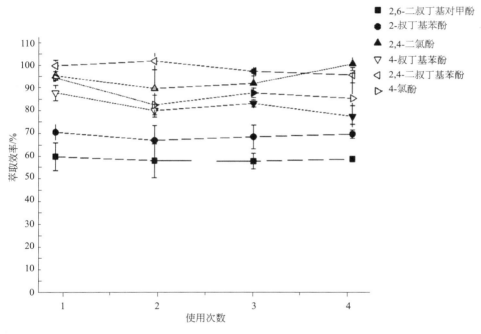

图 4-51　$Fe_3O_4/PS[im-C_6]Cl$ 使用次数对酚类物质萃取效率的影响

4.9.3.2　方法的线性范围、检出限

在优化的实验条件下，对 6 种酚类化合物的线性范围、相关系数、最低检出限、精密度等进行了考察，结果如表 4-27 所示，7 种硝基苯类物质在 $0.01\sim5\mu g/L$ 质量浓度范围内与色谱峰面积呈良好的线性关系，其相关系数为 $0.9970\sim0.9999$。检出限（$S/N=3$）和定量限（$S/N=10$）分别为 $0.001\sim0.003\mu g/L$ 和 $0.003\sim0.009\mu g/L$。日内精密度是在同一天平行测定 6 次 $500\mu g/L$ 的酚类物质的加标溶液，RSD 值为 $0.1\%\sim8.2\%$。

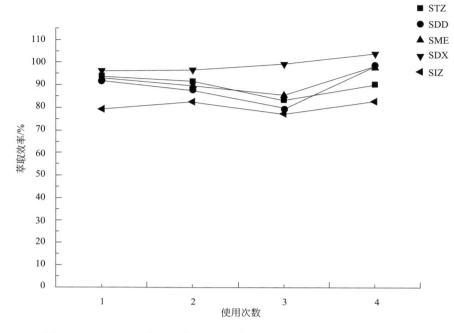

图 4-52　Fe$_3$O$_4$/PS［im-C$_6$］Cl 使用次数对磺胺类化合物萃取效率的影响

表 4-27　最优条件下 Fe$_3$O$_4$/PS［im-C$_6$］Cl-MSPE/GC-MS/MS 联用法的方法评价

分析物	线性范围 /(μg/L)	线性方程	R	LOD /(μg/L)	LOQ /(μg/L)	RSD ($n=6$)/%
2,6-DTBMP	0.01～5	$y=27337x-284$	0.9998	0.001	0.003	8.2
2-TBP	0.01～5	$y=25001x-91$	0.9999	0.002	0.006	3.7
2,4-DCP	0.01～5	$y=26484x-1617$	0.9970	0.003	0.008	0.1
4-TBP	0.01～5	$y=12695x-9$	0.9994	0.003	0.009	0.5
2,4-DTBP	0.01～5	$y=34219x+1406$	0.9996	0.001	0.003	3.2
4-CP	0.01～5	$y=31252x-114$	0.9994	0.003	0.009	1.0

4.9.3.3　前处理方法的比较

　　为了进一步对磁性固相萃取测定水样中酚类物质方法的潜在应用性进行研究，将其与其他多种现有的前处理方法进行了比较，包括固相萃取（SPE）[98]、固相微萃取（SPME）[99]、分散液液微萃取（DLLME）[100] 以及基于 IL-Fe$_3$O$_4$@G 的 MSPE[101] 等，不同前处理技术应用的具体参数比较如表 4-28 所列。本书提

出的 $Fe_3O_4/PS[im-C_6]Cl$-MSPE 法仅需磁性纳米材料 8mg 即可完成 100mL 水样萃取，且在萃取过程中只需 1min 即可，在整个前处理过程中该法大大缩短了所需时间，使得操作过程简单。同时，$Fe_3O_4/PS[im-C_6]Cl$-MSPE 与离子液体物理包覆磁性石墨烯相比，无论在材料用量、萃取时间、检测限和重复利用上都有很大优势。

表 4-28 与其他酚类物质检测方法比较

方法	萃取时间 /min	样品体积 /mL	萃取材料	萃取材料用量	LODs /(μg/L)
SPE[98]	—	50	石墨	20mg	0.1～0.4
SPME[99]	40～60	4	Carbowax/TPR-100	—	1.1～5.9
DLLME[100]	2	11	正辛醇	60μL	0.1
MSPE[101]	25	100	IL-Fe_3O_4@G	15mg	0.10～0.12
MSPE	1	100	$Fe_3O_4/PS[im-C_6]Cl$	8mg	0.001～0.003

4.9.4 实际样品测定

水样中 6 种酚类化合物的实际样品测定，如图 4-53、表 4-29 所示。

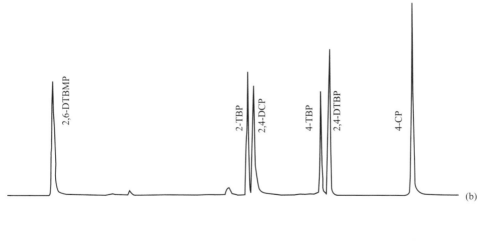
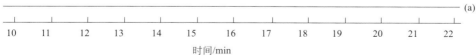

图 4-53 水样中 6 种酚类化合物空白（a）和加标 5000ng/L（b）的色谱

表 4-29　实际环境水样中酚类物质的测定及加标回收率

分析物	加标浓度 /(ng/L)	水样 1($n=3$)		水样 2($n=3$)		水样 3($n=3$)	
		检出 /(ng/L)	回收率 /%	检出 /(ng/L)	回收率 /%	检出 /(ng/L)	回收率 /%
2,6-DTBMP	0	ND		ND		ND	
	2500	1836	73.5±1.3	2232	89.3±0.8	1885	75.4±0.3
	5000	3948	79.0±1.6	4926	98.5±1.0	3992	79.0±0.9
2-TBP	0	ND		ND		ND	
	2500	2352	93.1±2.0	2602	103.1±3.6	2262	90.5±0.4
	5000	4852	97.0±1.4	5822	116.4±1.8	5210	103.2±1.0
2,4-DCP	0	ND		ND		ND	
	2500	2250	90.0±5.8	2426	97.0±2.4	2170	86.8±3.5
	5000	4747	93.9±2.2	5196	103.9±3.1	4663	93.3±2.4
4-TBP	0	ND		ND		ND	
	2500	2050	82.0±7.2	2341	93.6±2.5	2011	80.4±5.8
	5000	4578	91.6±1.9	5704	113.1±7.7	4676	93.5±2.3
2,4-DTBP	0	ND		ND		ND	
	2500	2839	113.5±2.8	2945	117.8±1.0	2652	106.1±1.9
	5000	4441	88.8±1.5	4511	90.2±1.1	4323	86.5±0.9
4-CP	0	ND		ND		ND	
	2500	2100	83.8±3.8	2459	98.4±1.8	2118	83.7±3.0
	5000	4858	97.2±2.4	5721	113.4±3.0	4859	97.2±1.8

注：ND 表示未检出。

在最优条件下，采用建立的 $Fe_3O_4/PS[im-C_6]Cl-MSPE/GC-MS/MS$ 联用法分析了本地区 3 个点的水样，均未检测到酚类物质，如图 4-53 所示。在 2 种加标浓度水平（2.5μg/L、5μg/L）下平行萃取测定 3 次，计算方法的回收率和相对标准偏差，实验结果列于表 4-29 所示。由表 4-29 可见 6 种酚类化合物的回收率均在 73.5%～117.8%，RSD 在 0.3%～7.7%。该结果说明样品基质对 $Fe_3O_4/PS[im-C_6]Cl-MSPE$ 的影响较小，方法准确可靠。

4.10 离子液体修饰磁性多壁碳纳米管的磁性固相萃取/HPLC 联用方法检测水样中磺胺类药物

本方法采用 $[C_6MIM][PF_6]$ 离子液体修饰的磁性多壁碳纳米管作为吸附

剂，在涡旋辅助磁性固相萃取条件下对环境水样中的 5 种磺胺类药物的萃取进行研究。在此过程中，对影响萃取效率的几大重要因素进行了优化，包括萃取剂、洗脱剂、pH 值、萃取时间、萃取剂含量、洗脱剂含量等，建立了简便、省溶剂的环境水样中 5 种 SAs 的基于离子液体修饰的磁性多壁碳纳米管涡旋辅助磁性固相萃取（IL-Fe₃O₄@M-MSPE)/HPLC 联用方法。

4.10.1 实验部分

（1）仪器和试剂

① 仪器 Waters 2695 型液相色谱仪，配备四元溶剂管理器、Waters 2996 型二极管阵列检测器带有 100 μL 进样环的样品管理器以及色谱柱管理器（Waters，美国）。分析柱采用 CAPCELL PAK C₁₈ 色谱柱 [150mm×3.6mm（内径），3μm]。在萃取过程中，使用了 QL-866 涡旋仪（江苏海门其林贝尔仪器制造有限公司）。

② 标准品 磺胺噻唑（STZ）、磺胺二甲嘧啶（SMZ）、磺胺对甲氧嘧啶（SME）、磺胺邻二甲氧嘧啶（SDD）、磺胺二甲异噁唑（SIZ）纯度均大于98.0%，购于德国 Dr. Ehrenstorfer 公司；由甲醇配制为 1000μg/mL 标准储备液，-4℃避光保存，根据需要再用甲醇逐级稀释成不同浓度的系列混合标准工作溶液。如表 4-30 所列。

③ 试剂 甲醇、乙腈为色谱纯试剂购自 Merck 公司（Darmstadt，德国）。超高纯水由 Milli-Q 公司的水纯化系统制备（18MΩ，Millipore，Bedford，MA，美国）。[C₆MIM][PF₆] 离子液体购自上海成捷化学有限公司。

表 4-30 5 种磺胺类化合物的结构信息

序号	中文名称	英文名称	CAS 登录号	结构式
1	磺胺噻唑（STZ）	sulfathiazole	72-14-0	$H_2N-\!\!\bigcirc\!\!-SO_2-NH-$ 噻唑
2	磺胺二甲嘧啶（SMZ）	sulfamethazine	57-68-1	$H_2N-\!\!\bigcirc\!\!-SO_2-NH-$ 嘧啶
3	磺胺对甲氧嘧啶（SME）	sulfameter	651-06-9	$H_2N-\!\!\bigcirc\!\!-SO_2-NH-$ 嘧啶-OMe

序号	中文名称	英文名称	CAS登录号	结构式
4	磺胺邻二甲氧嘧啶（SDD）	sulfadoxine	2447-57-6	H_2N—〈苯环〉—S（O）（O）—NH—嘧啶环（N，N，MeO，OMe）
5	磺胺二甲异噁唑（SIZ）	sulfisoxazole	127-69-5	H_2N—〈苯环〉—S（O）（O）—NH—异噁唑环（O，N）

（2）合成及表征磁性材料

根据文献［80］的方法制备 $Fe_3O_4@M$。称取 0.5g 多壁碳纳米管加入 500mL 三口烧瓶中，加入 200mL 超纯水，恒温 50℃下超声 1h 使多壁碳纳米管得到充分分散后，氮气保护下加入 1.7g $Fe(NH_4)_2(SO_4)_2 \cdot 6H_2O$ 和 2.5g $NH_4Fe(SO_4)_2 \cdot 12H_2O$，超声 10min，逐滴加入 10mL 8mol/L 的氨水溶液使体系 pH 值保持在 11～12，于 50℃恒温和恒速搅拌下反应 1h。反应完成后悬浮液由黑色变为褐色，用磁铁将 $Fe_3O_4@M$ 从悬浮液中分离出来，分别用超纯水和无水乙醇洗涤 3 次，40℃真空干燥后放入干燥器中备用。

根据文献［102］将 $[C_6MIM][PF_6]$ 修饰到多壁碳纳米管表面。称取 0.5g$[C_6MIM][PF_6]$ 加入 25mL 圆底烧瓶中，加入 15mL 丙酮，边搅拌边缓慢加入 0.5g $Fe_3O_4@M$。待搅拌 2.5h 后用磁铁将 $IL-Fe_3O_4@M$ 从丙酮中分离出来，分别用超纯水和无水乙醇洗涤 3 次，50℃烘箱中干燥 3h，最后称重得到 0.6g 产品。

$Fe_3O_4@M$ 的晶体结构是利用 X'Pert PRO 型 X 射线衍射仪（XRD）（PANalytical，荷兰）进行分析，X 射线源为 Cu 靶 Kα 射线（λ= 0.154056 nm），电压 40 kV，电流 40mA；$IL-Fe_3O_4@M$ 的磁性是采用美国 Lake Shore 7410 振动样品磁强计（VSM）来在室温下进行表征；$Fe_3O_4@M$ 后的形貌及元素分析则是通过带有 X 射线能谱仪（Thermo NORAN VANTAGE ESI）的 S-4700 扫描电子显微镜（SEM）（日立公司，日本）进行表征。

（3）磁性固相萃取过程

首先在 20mL 玻璃瓶中放入 10mL 超纯水，加入 $IL-Fe_3O_4@M$ 涡旋 15min 进行分散，观察到溶液变得浑浊。然后将 N50 的 NdFeB 磁铁静置于瓶壁外一段时间，弃去上层清液。用 3.5mL 1.0%乙酸铵甲醇溶液在涡旋下对吸附了 SAs 的 IL- $Fe_3O_4@M$ 进行洗脱，涡旋 120s，继续用 NdFeB 磁铁进行分离，分离 15s 后用移液枪取出洗脱液，在 55℃下用氮气吹干，并用 0.3mL 甲醇溶解后过 0.22μm 尼龙滤膜，待下一步 HPLC 分析。

（4）高效液相色谱条件

样品在 CAPCELL PAK C$_{18}$ 色谱柱 [150mm×3.6mm（内径），3μm] 上梯度洗脱。流动相线性梯度洗脱条件如表 4-31 所列，其中流动相 A 为 0.1% 甲酸水溶液，流动相 B 为乙腈。流速 1mL/min；柱温 25℃；进样体积 10μL；检测波长为 270nm。洗脱液经过色谱柱后直接进入 PDA 检测器。

表 4-31　磺胺的高效液相色谱洗脱梯度条件

时间/min	流速/(mL/min)	A/%	B/%	曲线
0.00	1	80	20	6
3.00	1	80	20	6
6.00	1	75	25	6
15.00	1	75	25	6
15.1	1	80	20	6

4.10.2　结果与讨论

（1）Fe$_3$O$_4$@M 及 IL-Fe$_3$O$_4$@M 的表征

图 4-54 为磁性多壁碳纳米管的 XRD 图。$2\theta = 30.2°$，$35.6°$，$43.3°$，$53.6°$，$57.2°$，$62.8°$处的衍射峰分别对应 Fe$_3$O$_4$ 的（220）、（311）、（400）、（422）、（511）和（440）晶面，与 JCPDS 卡片 03-065-3107 的 Fe$_3$O$_4$ 相吻合，表明在 Fe$_3$O$_4$@M 材料中 Fe$_3$O$_4$ 和多壁碳纳米管共同存在。

在室温下，使用振动样品磁强计 VSM 记录干燥后的 IL-Fe$_3$O$_4$@M 的磁滞回线及饱和磁化强度，施加的磁场强度为 $-10 \sim 10$kOe。VSM 测得的 IL-Fe$_3$O$_4$@M 磁滞回线如图 4-55 所示。由图 4-55 可知，随着外加磁场的增大，IL-Fe$_3$O$_4$@M 的磁化强度也随之增加，直至达到饱和磁化强度。经过退磁后，其磁化强度几乎达到 0，磁滞回线经过原点，表现为超顺磁性，此特征保证了该材料可被回收使用。测得的饱和磁化强度为 30.79emu/g，这种磁化强度的纳米颗粒具有足够的磁响应性来满足迅速磁性分离的需要，即当外场磁场存在时黑色的磁性颗粒被吸引到小瓶的侧壁与瓶底，伴随着溶液变得透明与清澈。

磁性多壁碳纳米管的形貌如图 4-56 所示，多壁碳纳米管呈细长管状，多

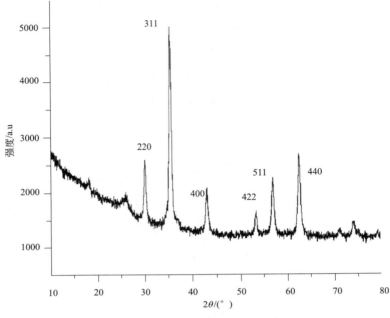

图 4-54 Fe$_3$O$_4$@M 的 XRD 图

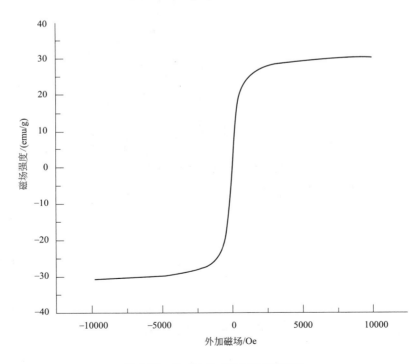

图 4-55 IL-Fe$_3$O$_4$@M 的 VSM 图

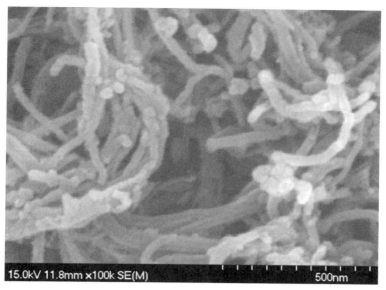

图 4-56　IL- Fe_3O_4 @M 的 SEM 图

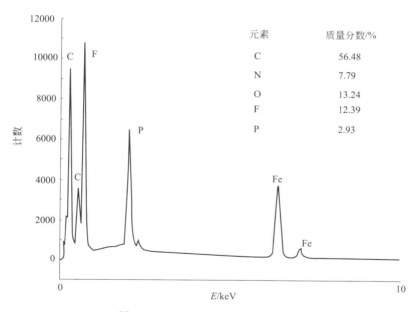

元素	质量分数/%
C	56.48
N	7.79
O	13.24
F	12.39
P	2.93

图 4-57　IL- Fe_3O_4 @M 的 EDS 图

条碳管相互堆叠缠绕呈不规则状，而图中附着在多壁碳纳米管上的细小颗粒即为四氧化三铁。图 4-57 则是 IL-Fe_3O_4@M 的元素组成图，从图 4-57 可以看出 IL-Fe_3O_4@M 中含有 N、F、P 等离子液体的特征元素，且 F、P 元素比例

符合 $[C_6MIM][PF_6]$ 中的比例，这说明 $[C_7MIM][PF_6]$ 成功通过物理吸附法修饰了 $Fe_3O_4@M$。

（2）萃取条件的优化

为了获得涡旋辅助离子液体修饰磁性多壁碳纳米管的磁性固相萃取法（IL-$Fe_3O_4@M$-MSPE）对 5 种磺胺类化合物的最佳萃取效果，本实验分别对萃取过程中的主要影响因素，如萃取剂、洗脱剂、pH 值、萃取时间、萃取剂含量、洗脱剂含量等参数进行了优化。本实验优化过程中的加标水样浓度分别是 $1.5\mu g/L$，同时所有的实验都重复 3 次。

① 色谱条件的优化　将标准品在 $200\sim400nm$ 波长范围内进行扫描，得到 STZ、SMZ、SME、SDD、SIZ 等的最大吸收波长分别是 285nm、265nm、274nm、271nm、270nm，综合考虑各标准样品的吸收情况和响应情况，选用 270nm 作为测定波长。

参考前人对磺胺类药物分离的结果，发现 SAs 具有弱酸性，不同酸度的流动相对其在色谱柱上的保留有很大的影响，而不同的流动相也会产生不同的峰形，如甲醇，往往使 SAs 出现拖尾现象。总结不同的研究工作后，本书决定使用 0.1% 甲酸水溶液和乙腈作为流动相。

② 萃取材料对萃取效率的影响　离子液体对于磁性多壁碳纳米管的修饰使得该材料的物理化学性质有明显的变化，同时该材料带上了离子液体独特的物理化学性质，从而可能会大大影响对目标分析物的萃取效率。在本实验中，考察了离子液体 $[C_6MIM][PF_6]$ 通过物理吸附后修饰的磁性多壁碳纳米管（IL-$Fe_3O_4@M$）和未经修饰的磁性多壁碳纳米管（$Fe_3O_4@M$）对环境水样中磺胺类化合物的萃取效果。结果如图 4-58 所示，IL-$Fe_3O_4@M$ 对磺胺类的萃取效率优于 $Fe_3O_4@M$，原因可能是 IL-$Fe_3O_4@M$ 具有更强的游离 n 电子系统。因此，本实验采用 IL-$Fe_3O_4@M$ 作为萃取剂。

③ 洗脱剂对萃取效率的影响　目前为止，经研究发现，当采用多壁碳纳米管萃取磺胺类样品时，洗脱剂采用乙酸铵甲醇溶液，洗脱效果最好。同时为考察乙酸铵不同浓度的洗脱剂对萃取效率的影响，本实验采用不同浓度（$0\sim1.2\%$）的乙酸铵甲醇溶液作为洗脱剂。结果如图 4-59 所示，当乙酸铵浓度增加至 1.0% 时，萃取效率随之不断增加，而当乙酸铵浓度超过 1.0% 时，其萃取效率开始下降。因此，本实验选择 1.0% 乙酸铵甲醇溶液作为洗脱剂。

④ 溶液 pH 值的影响　由于 SAs 在水中的存在状态（分子态和离子态）将随溶液 pH 值的改变而改变，因此本实验以 HCl 溶液调节溶液 pH 值分别为

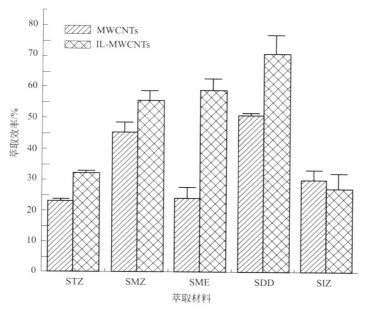

图 4-58 萃取材料对萃取效率的影响

萃取材料含量—5mg；萃取时间—5min；洗脱剂—1.0%乙酸铵甲醇溶液，3mL；pH 值—未调

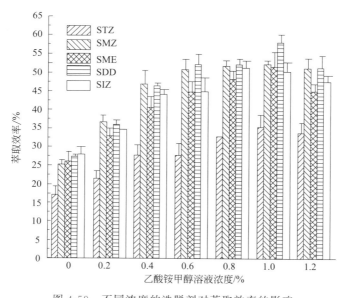

图 4-59 不同浓度的洗脱剂对萃取效率的影响

IL-Fe$_3$O$_4$@M—5mg；萃取时间—5min；洗脱剂—3mL；pH 值—未调

2、3、4、5、6，考察了不同溶液 pH 值对萃取效率的影响。结果如图 4-60 所示，当 pH 值为 4 时各个组分的萃取效率达到最大。磺胺类药物的基本化学结

构为对氨基苯磺酰胺，因芳香第一胺呈弱碱性，而磺酰氨基显弱酸性，故本类药物呈酸碱两性，萃取体系的 pH 值很大程度地影响目标物质的回收率。因此，确定溶液 pH 值为 4。

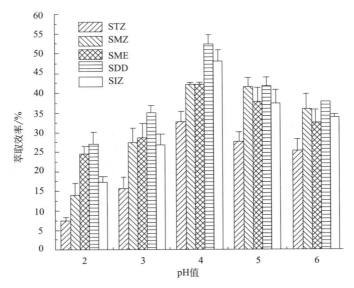

图 4-60 溶液 pH 值对萃取效率的影响

IL-Fe$_3$O$_4$@M—5mg；萃取时间—5min；洗脱剂—3mL

⑤ 萃取时间的影响 本实验考察了萃取时间对萃取效率的影响，除了萃取时间外，其他条件均一致。结果如图 4-61 所示。随着萃取时间的增加，SAs 萃取效率明显增加，当萃取时间达到 15min 时，萃取效率达到最大。最主要的原因可能是恰当的萃取时间可以保证萃取达到平衡。因此本实验中萃取时间为 15min。

⑥ 萃取剂用量的影响 为考察萃取剂用量对萃取效率的影响，本实验采用不同用量（5～25mg）的 IL-Fe$_3$O$_4$@M 作为萃取剂。结果如图 4-62 所示，当萃取剂用量从 5mg 增加至 20mg 时萃取效率随之不断增加，而当萃取剂用量超过 20mg 时，其萃取效率保持稳定。因此，本实验选择 20mg IL-Fe$_3$O$_4$@M 作为萃取剂。

⑦ 洗脱剂体积的影响 为考察洗脱剂体积对萃取效率的影响，本实验采用不同体积（1～3.5mL）的 1.0%乙酸铵甲醇溶液作为洗脱剂。结果如图 4-63 所示，当洗脱剂体积为 3.5mL 时萃取效率除 STZ 外其余皆在 98% 以上。因此，本实验选择 3.5mL 1.0%乙酸铵甲醇溶液作为洗脱剂。

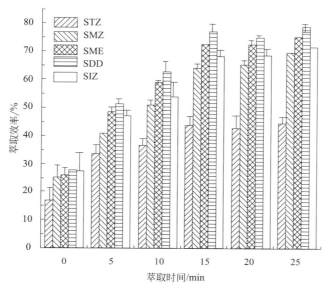

图 4-61　萃取时间对萃取效率的影响

IL-Fe$_3$O$_4$@M—5mg；洗脱剂—3mL；pH 值—4

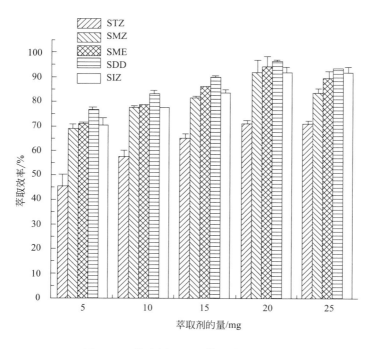

图 4-62　萃取剂用量对萃取效率的影响

洗脱剂—3mL；萃取时间—15min；pH 值—4

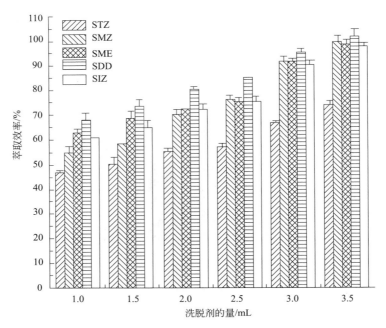

图 4-63 洗脱剂用量对萃取效率的影响

IL-Fe$_3$O$_4$@M—20mg；萃取时间—15min；pH 值—4

⑧ 水样体积的影响 为了得到较好的实验结果及检出限，本实验对样品溶液的体积进行了优化。本实验考察了不同体积（10mL、50mL、100mL、200mL、350mL）的样品溶液，结果如图 4-64 所示。当溶液体积在 200mL 以内，除 STZ 外，其余 4 种物质的萃取效率都较稳定，当溶液体积超过 200mL 时，SAs 萃取效率明显下降，究其原因，应是随着样品体积变大，萃取剂无法与水样中的目标分析物充分接触，从而导致萃取效率下降。所以实验最终选择样品溶液体积为 200mL。

（3）方法评价

在优化的实验条件下，对 5 种磺胺类化合物的线性范围、相关系数、最低检出限、精密度及回收率进行了考察，结果如表 4-32 所列。配制一系列含有 5 种磺胺类化合物的标准混合溶液，在优化实验条件下萃取，选定的色谱条件下进行分析测定，将所测得的峰面积 Y（mAU）对混合标准溶液中各组分质量浓度 X（μg/L）作工作曲线，STZ、SMZ、SME、SDD 和 SIZ 线性范围都为 0.375～75μg/L。各物质均具有良好的线性，其相关系数（r）分别为 0.9985～0.9996。以 3 倍信噪比（S/N＝3）计算方法的检出限分别为 0.0787～

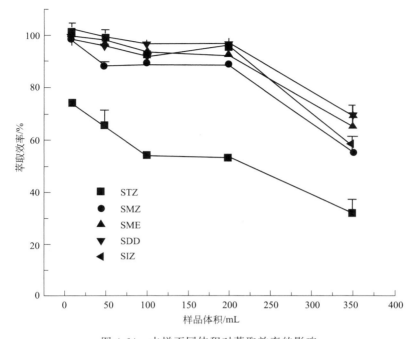

图 4-64　水样不同体积对萃取效率的影响

IL-Fe$_3$O$_4$@M—20mg；洗脱剂—3.5mL；萃取时间—15min；pH 值—4

0.0987μg/L。各物质（除 STZ 外）平均回收率在 89.05％±0.18％～96.71％±0.12％，*RSD* 值在 0.26％～3.69％。

　　为了考察本方法的重现性，分别测定了水样的日内及日间精密度。日内精密度是通过 1d 之内平行测定 3 次水样样品得到的相对标准偏差。日间精密度是通过连续 3d 测定同一组水样样品，每天测定一次，得到的相对标准偏差。如表 4-32 所列，日内及日间精密度分别是 1.34％～6.91％，1.24％～2.91％。

表 4-32　在最优条件下 IL-Fe$_3$O$_4$/@M-MSPE/HPLC 联用法的方法评价

分析物	线性范围/(μg/L)	线性方程	相关系数/r	LOD/(μg/L)	回收率/%	精密度/%	
						日内	日间
STZ	0.375～75	$y=34517x$	0.9996	0.0893	53.03±1.65	3.32	2.50
SMZ	0.375～75	$y=44952x$	0.9991	0.0787	89.05±0.18	1.34	2.22
SME	0.375～75	$y=44745x$	0.9996	0.0951	92.41±0.54	2.23	2.91
SDD	0.375～75	$y=40141x$	0.9996	0.0941	96.71±0.12	2.08	2.17
SIZ	0.375～75	$y=45378x$	0.9985	0.0987	96.15±0.87	6.91	1.24

（4）与其他方法比较

将 IL-Fe$_3$O$_4$@M-MSPE 与其他方法，如 SPE[103]、dSPE[104]、DLLME[105] 和 SDME[106] 等进行了比较，结果如表 4-33 所列。从表 4-33 可以看出，与 SPE、DLLME 和 SDME 相比，本书提出的 IL-Fe$_3$O$_4$@M-MSPE 在萃取过程中只需 15min 即可，而将 IL-Fe$_3$O$_4$@M 与水样分离则只需花费 15s 的磁分离就能达到，因此在整个前处理过程中该法大大缩短了所需时间，使得操作过程简单。同时，IL-Fe$_3$O$_4$@M-MSPE 与使用了磁性多壁碳纳米管（MWCNT）材料的 dSPE 方法相比，所需有机溶剂仅需洗脱时候的 3.5mL 甲醇，远少于 dSPE 方法中的 25mL 甲醇，且萃取材料 20mg 远小于 150mg。并且，Fe$_3$O$_4$@M 吸附剂可重复使用多次。

表 4-33　与其他方法比较

方法	吸附剂	吸附剂含量	萃取时间 /min	有机溶剂体积	LODs /(μg/L)
SPE[103]	Oasis HLB	未知	140	20mL	0.02～0.04
dSPE[104]	磁性 MWCNT	150mg	未知	25mL	0.01～0.29
DLLME[105]	[C$_8$MIM]PF$_6$	1mL	25	6.5μL	0.50～1.22
SDME[106]	[C$_4$MIM][PF$_6$]	9μL	35	无	1～3
IL-Fe$_3$O$_4$@M-MSPE	IL-Fe$_3$O$_4$@M	20mg	15	3.5mL	0.0787～0.0987

（5）样品分析

将本地区的 3 份水样在最佳实验条件下进行处理，并通过液相色谱进行分析，均未检测出 5 种磺胺类化合物残留。分别在 200mL 水样中添加不同体积的混合标准品溶液，在最优条件下进行基质固相分散处理，并进入液相色谱进行测定，结果如图 4-65 所示。由表 4-34 可见，除 STZ 外，其余种磺胺类化合物的回收率均在（80.60±2.49）%～（99.76±0.74）% 之间。该结果说明样品基质对 IL-Fe$_3$O$_4$@M-MSPE 的影响较小，方法准确可靠。

表 4-34　水样中 5 种磺胺类化合物的加标回收率　　　　单位:%

分析物		STZ	SMD	SME	SDD	SIZ
水样 1	1.5μg/L	57.72±1.82	99.76±0.74	93.57±3.64	92.62±2.43	89.52±2.16
	3.75μg/L	58.67±0.36	96.06±2.46	90.08±0.99	96.10±1.10	81.48±3.15
	15μg/L	58.96±1.08	99.99±0.58	91.85±3.71	87.33±1.11	93.93±0.70

续表

分析物		STZ	SMD	SME	SDD	SIZ
水样 2	1.5μg/L	53.43±3.56	93.49±2.20	88.72±0.16	91.91±3.52	80.60±2.49
	3.75μg/L	51.82±1.08	90.30±0.52	85.96±2.11	92.44±0.84	86.39±1.75
	15μg/L	55.77±5.31	92.14±2.06	92.28±0.91	87.63±1.82	90.68±1.91
水样 3	1.5μg/L	53.70±2.44	96.04±2.38	97.46±2.38	99.53±3.05	93.12±3.38
	3.75μg/L	58.27±3.49	93.73±0.71	93.98±1.13	93.02±1.24	88.22±1.55
	15μg/L	58.16±2.54	93.99±0.48	96.61±0.77	93.98±1.20	85.93±2.11

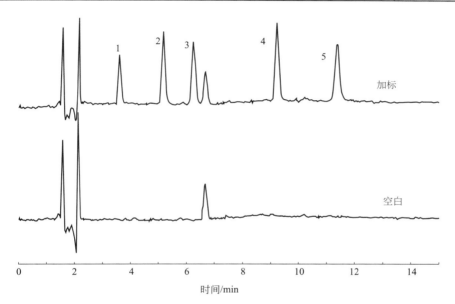

图 4-65　水样空白和加标色谱

1—STZ；2—SMD；3—SME；4—SDD；5—SIZ

第5章

典型流域地表水异味物质鉴别

　　课题组在 2005～2007 年间，通过对某典型流域开展多批次样品采集，采集了大量的地表水、水系沉积物及地表水表层水面环境空气样品，利用实验室建立的多种超痕量异味物质分析方法体系，检测判别出该流域典型异味物质，并利用网络文献检索，实验室嗅辨，建立该流域典型异味物质清单，其中部分嗅觉阈值数据借鉴了岛津公司提供的异味数据库系统。具体如表 5-1 所列。

表 5-1 典型流域地表水中异味物质清单

异味物质	CAS 号	嗅辨气味	嗅辨阈值/(ng/mL)	蒸气压/mmHg	毒性	用途
2-苯基乙醇	60-12-8	蜂蜜味、香料味、玫瑰味、丁香花味	100	1(58℃)	经口-大鼠 LD$_{50}$ 1790mg/kg	GB 2760—1996规定为允许使用的食用香料。主要用于配制蜂蜜、面包、桃子和浆果类等香精
丙酸	79-09-4	陈腐脂肪味、辛辣味、酱油味	1000	2.4(20℃)	经口-大鼠 LD$_{50}$ 2600mg/kg	食品防腐剂的中间体;用于酯化反应;用于醇酸树脂的改性;用于生产合成润滑剂和液压流体
2,4,6-三氯苯酚	88-06-2	碘味、药味	100	1(76.5℃)	经口-大鼠 LD$_{50}$ 820mg/kg;腹腔-大鼠 LD$_{50}$ 276mg/kg	主要用于杀菌剂,农药,医药中间体;用作染料中间体、杀菌剂、防腐剂;也用作聚酯纤维的溶剂
邻羟基苯甲醛	92-02-8	药草味、畜含味、烤面包味	1	1(33℃)	经口-大鼠 LD$_{50}$ 520mg/kg;腹腔-小鼠 LD$_{50}$ 231mg/kg	有机合成原料,用于制造香豆素和紫罗兰等香精;也用作杀虫剂
邻甲氧基苯酚	90-05-01	甜味、药味、烟味	1	0.11(25℃)	皮下-大鼠 LD$_{50}$ 900mg/kg	GB 2760—1996规定为暂时允许使用的食用香料。主要用于配制咖啡、香草、熏烟和烟草等型香精
Γ-癸内酯	706-14-9	甜味、花味、水果味	1	—	—	GB 2760—1996规定为允许使用的食用香料。主要用于配制乳品、奶油、桃、柑橘和椰子等型香精
对溴二甲苯酚	7463-51-6	碘味、药味	10	—	腹腔-小鼠 LD$_{50}$ 650mg/kg	用作医药中间体
反,反-2,4-庚二烯醛	4313-03-5	炒油味、烧焦味	2000	—	—	食品用香料
4-硝基氯苯	100-00-5	杏仁味	—	0.09(25℃)	经口-大鼠 LD$_{50}$ 420mg/kg;经口-小鼠 LD$_{50}$ 440mg/kg	用于有机合成;也用作染料中间体
乙苯	100-41-4	汽油味	100	1483.7(55℃)	经口-大鼠 LD$_{50}$ 3500mg/kg;腹腔-小鼠 LD$_{50}$ 2272mg/kg	用苯乙烯的原料;也用于制药和其他有机合成
苯乙烯	100-42-5	汽油味、香油味	100	12.4(37.7℃)	经口-大鼠 LD$_{50}$ 2650mg/kg;经口-小鼠 LD$_{50}$ 316mg/kg	最重要的用途是作为合成橡胶和塑料的单体,用来生产丁苯橡胶、聚苯乙烯、泡沫聚苯乙烯;也用于与其他单体共聚制造多种不同用途的工程塑料;此外,少量苯乙烯也用作香料等中间体
苄基氯	100-44-7	刺激性气味	—	10.3(60℃)	经口-大鼠 LD$_{50}$ 1231mg/kg;经口-小鼠 LD$_{50}$ 1500mg/kg	是生产苯甲醇、苯甲醛、苯甲酸、盐酸海明、青霉素、新洁尔灭、乙酸苄酯、苯胺、邻苯二甲酸丁苄酯的重要原料;广泛应用于医药、染料、农药、香料等行业

地表水异味特征有机物质监测技术

续表

异味物质	CAS号	嗅辨气味	嗅辨阈值/(pg/ng)	蒸气压/mmHg	毒性	用途
苯甲醇	100-51-6	甜味、花味	100	13.3(100℃)	经口-大鼠 LD_{50} 1230mg/kg；口-小鼠 LD_{50} 1360mg/kg	用作香料的原料和定香剂、医药原料和麻醉剂、防腐剂、染色助剂、涂料和油墨的溶剂、也可用于调制圆珠笔油
苯甲醛	100-52-7	杏仁味、芳烃味、焦糖味	1000	4(45℃)	经口-大鼠 LD_{50} 1300mg/kg；口-小鼠 LD_{50} 2800mg/kg	是医药、染料、香料和树脂工业的重要原料；还可用作溶剂、增塑剂和低温润滑剂等
苄硫醇	100-53-8	令人不愉快的气味	0.01	—	经口-大鼠 LD_{50} 493mg/kg；腹腔-小鼠 LD_{50} 100mg/kg	用作农药、医药中间体；食品用香料
α,α-二甲基苯甲醇	100-86-7	特殊气味	—	—	经口-大鼠 LD_{50} 1280mg/kg	用于调配多种化妆、电用和食用香精
苯醋酸	103-82-2	花味、蜂蜜味	10	1(97℃)	经口-大鼠 LD_{50} 2250mg/kg；口-小鼠 LD_{50} 2250mg/kg	用于香料、制药工业；也用作植物生长激素
N,N-二甲基苯甲胺	103-83-3	刺激性气味、微氨味	—	—	经口-大鼠 LD_{50} 265mg/kg	有机合成中间体；用于生产新洁而灭脱氢酚的催化剂、阻蚀剂、酸性中和剂、电子显微镜切片包埋用加速剂
丙位辛内酯	104-50-7	可可味、坚果味	1	—	—	GB 2760—1996规定为允许使用的食用香料。主要用以配制奶油、香荚兰、干酪、焦糖、椰子、桃和杏等型香精
2-乙基己醇	104-76-7	绿色植物味、玫瑰味	1000	0.2(20℃)	经口-大鼠 LD_{50} 3730mg/kg；口-小鼠 LD_{50} 2500mg/kg	主要用于生产增塑剂、消泡剂、分散剂、造矿剂和石油填加剂；也用于印染、油漆、胶片等方面
5-乙基-2-甲基吡啶	104-90-5	爆米花味	1	—	经口-大鼠 LD_{50} 368mg/kg；口-小鼠 LD_{50} 282mg/kg	用于医药工业，用于制备烟酸、烟酰胺、异烟肼、尼可杀米等
乙酸仲丁酯	105-46-4	甜味、化学品味	100	—	经口-大鼠 LD_{50} 3200mg/kg	硝酸纤维和漆的溶剂；汽油抗爆剂
己内酰胺	105-60-2	杏仁味、焦糖味	1000	<0.01(20℃)	经口-大鼠 LD_{50} 1210mg/kg；口-小鼠 LD_{50} 930mg/kg	主要用于制取己内酰胺树脂、纤维和人造革等；也用作医药原料
香叶醇	106-24-1	天兰葵味、玫瑰味	1	0.2(20℃)	经口-大鼠 LD_{50} 3600mg/kg	是一种天然香料，可用来制作香水，也可用作合成维生素 E 的原料

续表

异味物质	CAS号	嗅辨气味	嗅辨阈值/(mg/mL)	蒸气压/mmHg	毒性	用途
3-庚酮	106-35-4	醚味	1000	—	经口-大鼠 LD$_{50}$ 2760mg/kg	GB 2760—1996允许使用的食用香料。主要用于配制干酪、香蕉和甜瓜等型香精
对二溴苯	106-37-6	二甲苯味	100	—	经口-小鼠 LD$_{50}$ 3120mg/kg；腹腔-小鼠 LD$_{50}$ 1891mg/kg	用于有机合成，也作染料中间体
对二甲苯	106-42-3	天竺葵味	1000	9(20℃)	经口-大鼠 LD$_{50}$ 5000mg/kg；腹注-小鼠 LD$_{50}$ 2110mg/kg	主要用于生产对苯二甲酸(PTA)、对苯二甲酸二甲酯(DMT)和对苯二甲酸乙二醇酯(PET)，进而生产聚对苯二甲酸酯(涤纶)；还可用作溶剂以及医药、香料、油墨等行业的生产原料
对甲苯酚	106-44-5	苯酚味、药味、烟味	1	1(20℃)	经口-大鼠 LD$_{50}$ 207mg/kg；口-小鼠 LD$_{50}$ 344mg/kg	用于有机合成，也是制造抗氧剂2,6-叔丁基对甲酚和橡胶防老剂的原料，同时，又是生产医药TMP和染料可利丙丁磺酸的重要基础原料；用作分析试剂；还用作杀菌剂、防霉剂
对二氯苯	106-46-7	甜味	1000	1.03(25℃)	经口-大鼠 LD$_{50}$ 500mg/kg；口-小鼠 LD$_{50}$ 2950mg/kg	用作杀虫剂熏蒸剂、防蛀剂、除臭剂、防腐剂；及用于有机合成
4-氯苯胺	106-47-8	略刺激性气味	—	0.15(25℃)	经口-大鼠 LD$_{50}$ 300mg/kg；口-小鼠 LD$_{50}$ 100mg/kg	是偶氮染料及色酚AS-LB的中间体；也是医药利眠宁、非那西丁及农药的原料；还用于制彩色胶片成色剂
对甲苯胺	106-49-0	微氨味	—	0.26(25℃)	经口-大鼠 LD$_{50}$ 336mg/kg；口-小鼠 LD$_{50}$ 330mg/kg	主要作为染料中间体，用以制作红色基GL、甲基胺红色淀、碱性品红、甲基同位素及4-氨基甲苯-3-磺酸、三苯甲烷染料和噻嗪染料等；水作为医药乙胺嘧啶、农药杀草隆等产品的中间体
1,3-二溴丁烷	107-80-2	烃味	—	—	—	有机合成中间体
丁酸	107-92-6	陈腐脂肪味、奶酪味、汗味	1000	0.43(20℃)	经口-大鼠 LD$_{50}$ 2000mg/kg	重要的精细化工原料，用于合成丁酸纤维素和丁酸酯其他丁酸类在香料、仪器添加剂、医药等领域有广泛应用

续表

异味物质	CAS号	嗅辨气味	嗅辨阈值/(ng/mL)	蒸气压/mmHg	毒性	用途
间二甲苯	108-38-3	塑料味	2000	16(37.7℃)	经口-大鼠 LD$_{50}$ 5000mg/kg	用于生产间苯二甲酸、间甲基苯甲酸、间苯二甲腈等；也可用作医药、香料、染料、彩色胶片成色剂的原料
间甲酚	108-39-4	塑料味、排泄物味	0.1	<1(20℃)	经口-大鼠 LD$_{50}$ 242mg/kg；经口-小鼠 LD$_{50}$828mg/kg	主要用于农药、医药、香料、树脂增塑剂、电影胶片、抗氧剂，和试剂等一切需要使用间甲酚的化学工业行业
3-氯苯胺	108-42-9	略刺激性气味	—	1(63.5℃)	经口-大鼠 LD$_{50}$ 256mg/kg；经口-小鼠 LD$_{50}$334mg/kg	有机合成。偶氮染料、颜料、药物、杀虫剂、农业化学品的中间体
丙二醇甲醚醋酸酯	108-65-6	醚味	—	3.7(20℃)	—	有机溶剂
丙二醇甲醚醋酸酯	108-65-6	甜味、酯味	100	3.7(20℃)	—	主要用于油墨、油漆、墨水、纺织染料、纺织油剂的溶剂，也可用于液晶显示器生产中的清洗剂，是性能优良的低毒高级工业溶剂
甲苯	108-88-3	油漆味	2000	22(20℃)	经口-大鼠 LD$_{50}$636mg/kg；吸入-小鼠 LC$_{50}$400 PPM/24h	广泛用作有机溶剂和合成医药、涂料、树脂、染料、炸药和农药等的原料
苯酚	108-95-2	苯酚味	1000	4.65(55℃)	经口-大鼠 LD$_{50}$ 317mg/kg；口-小鼠 LD$_{50}$270mg/kg	苯酚是重要的有机化工原料，用它可制取酚醛树脂、己内酰胺、双酚A、水杨酸、五氯酚、2,4-D、己二酸、酚酞等化工产品及中间体；在化工原料、烷基酚、合成纤维、塑料、橡胶、医药、农药、香料、染料、涂料和炼油等工业中有着重要用途；此外，苯酚还可用作溶剂、实验试剂和消毒剂
2-甲基吡啶	109-06-8	腐臭味、刺激性气味	—	10(23.4℃)	经口-大鼠 LD$_{50}$ 790mg/kg；经口-小鼠 LD$_{50}$674mg/kg	用作合成医药、染料、树脂的原料；可制取肥增效剂、除草剂，牲畜驱虫剂、橡胶促进剂、染料中间体等

续表

异味物质	CAS号	嗅辨气味	嗅辨阈值/(ng/mL)	蒸气压/mmHg	毒性	用途
2-甲基吡嗪	109-08-0	爆米花味	1000	—	经口-大鼠 LD$_{50}$ 1800mg/kg	GB 2760—1996规定为允许使用的食用香料。主要用以配制肉类、巧克力、花生和爆玉米花等型香精
5-己烯-2-酮	109-49-9	醚味	1000	—	—	医药中间体
戊酸	109-52-4	汗味	1000	0.15(20℃)	经口-小鼠 LD$_{50}$ 600mg/kg	用于生产致冷剂(CFC替代品)、电动机和喷气发动机的合成润滑剂的多元醇酯；与较低级的醇酯化作为溶剂和作为香料和香水，也可用于生产作物保护产品
2-庚酮	110-43-0	肥皂味	10	2.14(20℃)	经口-大鼠 LD$_{50}$ 1670mg/kg；口-小鼠 LD$_{50}$ 730mg/kg	GB 2760—1996规定为允许使用的食用香料。主要用于配制干酪、香蕉、奶油和椰子等型香精
戊醛	110-62-3	杏仁味、辛辣味、麦芽味	100	—	经口-大鼠 LD$_{50}$ 4581mg/kg；口-小鼠 LD$_{50}$ 6400mg/kg	GB 2760—1996规定允许暂时使用的食用香料
二乙基二硫醚	110-81-6	霉味、硫黄味	50	—	—	二乙基二硫化物是合成大蒜素的中间体
吡啶	110-86-1	臭味、刺激性气味	—	23.8(25℃)	经口-大鼠 LD$_{50}$ 891mg/kg；静脉-小鼠 LD$_{50}$ 1500mg/kg	用作有机溶剂、分析试剂，也用于有机合成工业、色层分析等
甲基己基甲酮	111-13-7	肥皂味、汽油味	10	—	腹注-大鼠 LD$_{50}$ 800mg/kg；口-小鼠 LD$_{50}$ 3824mg/kg	
庚酸	111-14-8	绿色植物味、橘色植物味、淡水果味、肥皂味、汽油味	10	<0.1(20℃)	经口-大鼠 LD$_{50}$ 7000mg/kg；口-小鼠 LD$_{50}$ 6400mg/kg	该产品可用于安全玻璃聚乙烯醇缩丁醛增塑剂的生产，也可用作醇酸树脂稳定剂的中间体，以及生产可合成润滑剂的多元醇酯
乙酸乙氧乙酯	111-15-9	甜味、酯味	100	2(20℃)	经口-大鼠 LD$_{50}$ 2700mg/kg；口-小鼠 LD$_{50}$ 1910mg/kg	要用作喷涂用溶剂、刷涂漆用溶剂，还可用作保护性涂料、染料、树脂、皮革、油墨的溶剂，也可用于金属、玻璃等硬表面清洗剂的配方中，并可作化学试剂
二氯乙醚	111-44-4	刺激性	—	0.4(20℃)	经口-大鼠 LD$_{50}$ 75mg/kg；经口-小鼠 LD$_{50}$ 209mg/kg	用作脂肪、油、蜡、橡胶、焦油、沥青、乙基纤维素等的溶剂和土壤的杀虫剂；也用于有机合成和制涂料

地水异味特征有机物质临测技术

续表

异味物质	CAS号	嗅辨气味	嗅辨阈值/(ng/mL)	蒸气压/mmHg	毒性	用途
丁氧基乙醇	111-76-2	甜味,醋味	100	<1(20℃)	经口-大鼠 LD$_{50}$ 470mg/kg;经口-小鼠 LD$_{50}$ 1230mg/kg	主要用作硝酸纤维素、喷漆、快干漆、清漆、搪瓷和脱漆剂的溶剂;还可作纤维润湿剂、农药分散剂,树脂增塑剂,有机合成中间体;测定铁和铜的试剂;改进孔化性能和将矿物油溶解在皂液中的辅助溶剂
1-辛醇	111-87-5	金属味、烧焦味、化学品味	100	0.14(25℃)	经口-小鼠 LD$_{50}$ 1790mg/kg	可用作香料、辛醛及其酯的原料;也可用作溶剂、消泡剂和润滑油添加剂
二乙二醇乙醚	111-90-0	令人愉快的气味	—	0.12(20℃)	经口-大鼠 LD$_{50}$ 5500mg/kg;经口-小鼠 LD$_{50}$ 6600mg/kg	这品为高沸点溶剂。用于纤维素、树脂、树胶、漆料,印刷用油墨、染料的溶剂,矿物油-皂和矿物油-硫化油混合溶剂,非油漆着色剂,纤维印染剂,清漆和涂料的稀释剂
壬酸	112-05-0	绿色植物味、脂肪味	100	<0.1(20℃)	—	GB 2760—1996规定为允许使用的食用香料。主要用以配制椰子和浆果类香精
2-十一酮	112-12-9	绿色植物味、橘味、淡水味	10	<1(20℃)	经口-大鼠 LD$_{50}$ 5000mg/kg;经口-小鼠 LD$_{50}$ 3880mg/kg	GB 2760—1996规定为允许使用的食用香精
癸醛	112-31-2	肥皂味、动物脂味、橘味 果皮味	1	0.15(20℃)	经口-大鼠 LD$_{50}$ 3.730mg/kg	GB 2760—1996规定为暂时允许使用的食用香料。主要用于配制柑橘类香精
4-乙基-3-甲基苯酚	1123-94-0	塑料味	—	—	—	工业中间体
1-十一醇	112-42-5	柑橘味	10	—	经口-大鼠 LD$_{50}$ 3000mg/kg	GB 2760—1996规定为允许使用的食用香料。主要用以配制柠檬、橙、白柠檬、橘等柑橘类和波萝、黑醋栗、玫瑰等型香精
2,6,6-三甲基-2-环己烯-1,4-二酮	1125-21-9	药味	—	11(92~94℃)	—	可用作配制烟用香精和饮料香精

续表

异味物质	CAS号	嗅辨气味	嗅辨阈值/(ng/mL)	蒸气压/mmHg	毒性	用途
1-十二醇	112-53-8	脂肪味,蜡味	1	0.1(20℃)	经口-大鼠 LD_{50} 12800mg/kg	用于制造高效洗涤剂、表面活性剂、包泡剂、乳发剂、乳透剂、纺织油剂、杀菌剂、化妆品、植物生长调节剂、润滑油添加剂和其他一些特种化学品,广泛用于轻工、化工、冶金、医药等工业日化产品
正十二(烷)醛	112-54-9	脂肪味、柑橘味、百合花味	10	1(47.8℃)	—	用于生产十二碳三元酸、直链醇和卤代烷,用作日化产品主要原料油等
肉豆蔻醇	112-72-1	可可味坚果味	1000	—	—	可作有机合成和表面活性剂的原料
2-甲基丁酸	116-53-0	乳酪味,汗味	10	0.5(20℃)	—	GB 2760—1996规定为允许使用的食品用香料。用于配制乳酪、奶油、巧克力等香精
2,4,6-三溴苯酚	118-79-6	碘仿味	100	—	—	用于制取消毒防腐药三溴酚铋等
4-甲基-2-硝基苯酚	119-33-5	苯酚臭味、霉味	—	—	经口-大鼠 LD_{50} 3360mg/kg	该品为有机中间体。用于生产染料、荧光增白剂DT、除草剂等
水杨酸甲酯	119-36-8	胡椒粉味、薄荷味	1	—	—	GB 2760—1996规定为允许使用的食品用香料。主要用以配制沙司,可乐和胶姆糖等香型香精
马鞭草烯酮	1196-01-6	薄荷味、茴芹味、油味、溶剂味	100	—	—	—
二苯甲酮	119-61-9	甜味、玫瑰香味	—	—	经口-大鼠 LD_{50} 2897mg/kg	二苯甲酮是紫外线吸收剂、有机颜料、医药、香料、杀虫剂的中间体
苯甲酮	119-61-9	杏仁味、焦糖味	10	—	经口-大鼠 LD_{50} 4000mg/kg	农药
吲哚	120-72-9	烧焦味、樟脑味	10	—	经口-大鼠 LD_{50} 1000mg/kg	GB 2760—1996规定为允许使用的食品用香料。主要用以配制干酪、柑橘、咖啡、坚果、葡萄、草莓、莓,巧克力,什锦水果及百合等香精

续表

异味物质	CAS号	嗅辨气味	嗅辨阈值/(ng/mL)	蒸气压/mmHg	毒性	用途
邻苯二酚	120-80-9	苯酚臭味	—	—	经口·大鼠 LD$_{50}$ 260mg/kg	是重要的化工中间体，可用于制造橡胶硬化剂、电镀添加剂、皮肤防腐杀菌剂、染发剂、照相显影剂等；作为重要的医药中间体，用来制造黄连素和异丙肾上腺素等；也可用于生产 4-叔丁基邻苯二酚，作苯乙烯、丁二烯、氯丁二烯的阻聚剂；或用于制造抗氧剂、显影剂、橡胶助剂、电镀添加剂、特种墨水、光稳定剂、香料等；用作分析试剂
2,4-二氯苯酚	120-83-2	碘味·药味	10	—	经口·大鼠 LD$_{50}$ 580mg/kg；口·小鼠 LD$_{50}$ 1276mg/kg	用作农药、医药中间体，用于合成除草醚、2,4-D 等产品
香草醛	121-33-5	香草味	1	>0.01(25℃)	经口·大鼠 LD$_{50}$ 1580mg/kg	用作食用香精、日化香精、医药中间体
2-氯-5-三氟甲基苯胺	121-50-6	焦味·油墨味	—	—	—	用作药、农药中间体
二甲基苯胺	121-69-7	刺激臭味	—	2(25℃)	经口·大鼠 LD$_{50}$ 1410mg/kg	用于制造香料、农药中间体
佳乐麝香	1222-05-5	香味	10	—	—	广泛用于梨水香精和化妆品香精配方中
苯乙醛	122-78-1	甜味·蜂蜜味	—	—	经口·大鼠 LD$_{50}$ 1550mg/kg；口·小鼠 LD$_{50}$ 3890mg/kg	GB 2760—1996 规定为暂时允许使用的食用香料。主要用以配制苦杏仁香精，亦用于草莓、树莓、樱桃、杏子和桃子等型香精
2-苯氧基乙醇	122-99-6	甜味·花味	1000	0.01(20℃)	经口·大鼠 LD$_{50}$ 3000mg/kg；口·小鼠 LD$_{50}$ 4000mg/kg	在香水里可作固定剂用，可作驱虫剂、染料、油墨、树脂、防腐剂以及其他医药用途；此外，亦在水产养殖业里用来作为鱼类的麻醉剂
4-乙基苯酚	123-07-9	苯酚味·香料味	100	0.13(20℃)	—	GB 2760—1996 规定为允许使用的食品用香料。用于配制威士忌、朗姆酒、熏猪肉、火腿、咖啡等香精

续表

异味物质	CAS号	嗅辨气味	嗅辨阈值 /(ng/mL)	蒸气压 /mmHg	毒性	用途
乙酸正丁酯	123-86-4	梨味	1000	15(25℃)	经口-大鼠 LD₅₀ 10768mg/kg; 经口-小鼠 LD₅₀ 7076mg/kg	GB 2760—1996规定为允许使用的食用香料。作为香料,大量用于配制香蕉、梨、菠萝、杏、桃及草莓、浆果等型香精;亦可用作天然胶和合成树脂等的溶剂
辛酸	124-07-2	奶酪味、汗味	1000	1(78℃)	—	GB 2760—1996规定为允许使用的食用香料。消泡剂及用作干酪包的防腐剂
辛醛	124-13-0	绿色植物味、脂肪味、肥皂味、柠檬味	100	2(20℃)	经口-大鼠 LD₅₀ 5630mg/kg	GB 2760—1996规定为暂时允许使用的食用香料。主要用以配制梅、奶油、巧克力、葡萄和柑橘类香精
A-紫香酮	127-41-3	紫罗兰味、木材味	0.1	—	经口-大鼠 LD₅₀ 4590mg/kg	GB 2760—1996规定以配制龙眼、树莓、黑莓、樱桃、柑橘等型香精
B-蒎烯	127-91-3	松木味、树脂味、松脂味	100	—	—	食品用香料
二丁基羟基甲苯	128-37-0	苯酚味	10	<0.01 (20℃)	经口-大鼠 LD₅₀ 890mg/kg; 腹注-小鼠 LD₅₀ 650mg/kg	用作橡胶、塑料防老剂、汽油、变压器油、透平油、动植物油、食品等的抗氧化剂
邻苯二甲酸二甲酯	131-11-3	微带芳香气味	—	—	经口-大鼠 LD₅₀ 6800mg/kg	用作醋酸纤维素的增塑剂、驱蚊剂及聚氟乙烯涂料的溶剂
4,5-环氧基-(E)-2-癸烯醛	134454-31-2	绿色植物味、金属味	0.01	—	—	—
柠檬油精	138-86-3	薄荷味、柑橘味	1000	1(20℃)	—	萜烯和类萜节和松节油的萜烯馏分
2-乙基吡嗪	13925-00-3	花生味、黄油味、木材味	100	—	—	用作日用、食用香精
亚异丙基丙酮	141-79-7	甜味、化学品味	10	—	经口-大鼠 LD₅₀ 1120mg/kg; 经口-小鼠 LD₅₀ 710mg/kg	用作涂料和树脂的溶剂,可用作药物、杀虫剂的中间体,也是生产甲基异丁基酮和甲基异丁基甲醇的原料

续表

异味物质	CAS号	嗅辨气味	嗅辨阈值/(ng/mL)	蒸气压/mmHg	毒性	用途
己酸	142-62-1	汗味	100	0.18(20℃)	经口-大鼠 LD_{50} 1910mg/kg；经口-小鼠 LD_{50} 5000mg/kg	一种基本有机原料，可用于生产各种己酸酯类产品。医药中用于制备己雷琐辛；也可作香料、润滑油的增稠剂，橡胶加工助剂，清漆催干剂等
乙酸正己酯	142-92-7	水果味、药草味	100	—	—	聚结溶剂
氯吡嗪	14508-49-7	杏仁味	—	—	—	用作医药、农药中间体
二苯基二硫	150-60-7	醚味	1	—	—	香料，适用于咖啡焦糖
4-甲氧基苯酚	150-76-5	刺激性气味、烟熏味	—	<0.01(20℃)	经口-大鼠 LD_{50} 1600mg/kg；腹腔-小鼠 LD_{50} 250mg/kg	是医药、香料，农药等精细化工产品的重要中间体；还可作为高分子的阻聚剂，防老剂，增塑剂等
2-苯基-2-丁醇	1565-75-9	特殊气味	—	—	—	分析试剂
4,6-二氯甲酚	1570-65-6	碘仿味	1	—	—	医药中间体
反-2-庚烯醛	18829-55-5	脂肪味、肥皂味、杏仁味	10	—	—	食品用香料
2-壬烯醛	18829-56-6	纸味	1	—	—	GB 2760—1996 规定为允许使用的食用香料。主要用于配制甜瓜、黄瓜、蘑菇、面包、奶油、肉类和禽类香精
二甲基烷醇	19700-21-1	泥土味、甜菜味	0.1	—	—	精细化学品
2-氯环戊醇	20377-80-4	令人愉快的气味	—	—	—	用作医药的原料和农药中间体；也是杀菌剂乙霉威的中间体
1,2-二乙氧基苯	2050-46-6	芳烃味、薄荷味	—	0.8(20℃)	—	用作医药的原料和农药中间体；也是杀菌剂乙霉威的中间体
L-薄荷醇	2216-51-5	薄荷味	—	—	—	用作牙膏、香水、饮料和糖果等的赋香剂；在医药上用作刺激药
丁草胺	23184-66-9	微芳香味	—	—	经口-大鼠 LD_{50} 1740mg/kg	一种酰胺类肉用芽前导型选择性苗前除草剂
2-甲基异冰片	2371-42-8	泥土味、霉味	0.1	—	—	

续表

异味物质	CAS号	嗅辨气味	嗅辨阈值/(ng/mL)	蒸气压/mmHg	毒性	用途
山梨酸乙酯	2396-84-1	水果味、醚味	10	—	—	用作食品防腐剂、香料、医药添加剂
2,6-二氯吡啶	2402-78-0	较强的刺激性气味	—	—	—	医药及有机合成的中间体
2,6-二溴-4-甲基苯酚	2432-14-6	碘味、药味	1	—	—	—
2-甲氧基-3-(2-甲基丙基)吡嗪	24683-00-9	泥土味、香料味、胡椒味；绿色植物味、粉末	0.01	—	—	食品用香料
反,反-2,4-癸二烯醛	25152-84-5	脂肪味、蜡味、油炸味	1	—	—	人造香料
硝基氯苯	25167-93-5	苦杏仁味	—	—	—	化工原料
苄基丙酮	2550-26-7	水果味、醚味	0.1	—	—	用作医药合成的中间体
2-异丙基-3-甲氧基吡嗪	25773-40-4	泥土味、豌豆味	0.01	—	—	—
2,1,3-苯并噻唑	273-13-2	香味	—	—	—	有机化工、医药中间体
对乙基愈创木酚	2785-89-9	香料味、丁香花味	0.1	—	—	GB 2760—1996规定为允许使用的食用香料
金刚烷	281-23-2	芳香气味	—	—	—	用于合成金刚烷衍生物。常用作药物中间体；亦可用作光敏材料原料、环氧树脂固化剂、化妆品及表面活性剂的中间体等
双(2-甲基-3-呋喃基)二硫	28588-75-2	烤肉味	0.1	—	—	用作香料
二甲基萘	28804-88-8	刺激性气味	—	—	—	可阻凝石蜡网状结构的形成，提高丁油品的流动性

续表

异味物质	CAS 号	嗅辨气味	嗅辨阈值/(ng/mL)	蒸气压/mmHg	毒 性	用 途
4-氯-3-三氟甲基苯胺	320-51-4	焦味·油墨味	—	—	—	用作医药·农药中间体
羊酯酸	334-48-5	脂肪味·陈腐脂肪味	10	15(160℃)	—	主要用于制取癸酸类产品,其酯类用作香料,湿润剂·增塑剂和食品添加剂等
2,2-二甲氧基丁烷	3453-99-4	芳香味	—	—	—	化工原料
二甲基三硫化物	3658-80-8	甘蓝味·鱼味·硫黄味	0.1	—	—	—
4-氟代苯胺	371-40-4	微氨味	—	—	经口-大鼠 LD$_{50}$ 417mg/kg;经口-鹌鹑 LD$_{50}$ 100mg/kg	用作医药·染料·农药合成的中间体
2-氟代吡啶	372-48-5	鱼腥味	—	—	—	用作医药·农药中间体
反-2-癸烯醛	3913-81-3	橘味	1	—	—	食品添加剂
三氟甲基苯酚	402-45-9	略腥·酚臭味	—	—	—	用作医药·农药中间体
乙氧氟草醚	42874-03-3	轻刺激味	—	—	经口-大鼠 LD$_{50}$ 5000mg/kg	用于水稻·大豆·玉米·棉花·蔬菜·葡萄·果树等作物田防除一年生阔叶杂草和禾本科·莎草科杂草
2-异氰酸金刚烷	4411-25-0	刺激性气味	—	—	—	化学试剂
2-三氟甲基苯酚	444-30-4	略腥·酚臭味	—	—	—	农药医药中间体
3-三氟甲基苯甲醚	454-90-0	刺激性气味	—	—	—	化学试剂·精细化学品·医药中间体·材料中间体
三氟甲基苯胺	455-14-1	油墨味	—	—	—	用作医药·染料·农药中间体
桉叶油醇	470-82-6	樟脑味	10	—	经口-大鼠 LD$_{50}$ 2480mg/kg;皮下-小鼠 LD$_{50}$ 1070mg/kg	GB 2760—1996 规定为允许使用的食品用香料。主要用于止咳薄片·人造薄荷等中

续表

异味物质	CAS号	嗅辨气味	嗅辨阈值/(ng/mL)	蒸气压/mmHg	毒性	用途
马鞭草烯醇	473-67-6	甜味、薄荷味	10	—	—	用于合成其他萜类化合物，在香精中的用途有限
4-乙基苯甲醛	4748-78-1	苦杏仁味	—	—	—	食品添加剂
5-壬酮	502-56-7	水果味、醛味	1000	—	—	有机砌块；通用试剂
异戊酸	503-74-2	陈腐脂肪味、汗味、酸味	100	0.38(20℃)	经口大鼠LD$_{50}$ 2000mg/kg	GB 2760—1996规定为允许使用的食用香料。主要用以配制干酪和奶油香精，水微量用于水果型香精
噻唑烷	504-78-9	刺鼻性气味	—	—	—	精细化学品
冰片	507-70-0	泥土味、霉味	1	33.5(25℃)	经口兔子LD$_{50}$ 2000mg/kg	GB 2760—1996规定为允许使用的食用香料。主要用于配制薄荷、白柠檬和果仁等型香精
3-羟基丁酮-[2]、乙酰甲基原醇	513-86-0	黄油味、奶油味	500	—	经口大鼠LD$_{50}$ 5000mg/kg	主要用于配制奶油、乳品、酸乳和草莓等型香精，也用于有机合成
2,3-二甲酚	526-75-0	汽油味	1	—	吸入大鼠LC$_{50}$ 85.5 mg/(m³·4h)；静注小鼠LD$_{50}$ 56mg/kg	用作消毒剂、增塑剂、农药的原料，用于提取3,5-二甲酚、3,4-二甲酚等
3-乙基-4-甲基吡啶	529-21-5	坚果味、甜味	1	—	—	—
1,3-二氯-2-丙酮	534-07-6	令人愉快的气味	—	—	吸入大鼠LC$_{50}$ 29mg/(m³·2h)；吸入小鼠LC$_{50}$ 27mg/(m³·2h)	是重要的医药、农药中间体，目前主要用于喹诺酮类抗菌环丙氟哌酸的合成
苄甲醚	538-86-3	醚味、芳烃味	—	—	—	化学试剂，精细化学品，医药中间体、材料中间体
四甲基联苯	54827-17-7	芳烃味	—	—	—	生物化工原料
2,4-二氯甲醚	553-82-2	泥土味、霉味	10	—	—	—
2,6-二甲苯酚	576-26-1	略臭	—	—	经口大鼠LD$_{50}$ 296mg/kg；经口小鼠LD$_{50}$ 450mg/kg	用于聚苯醚树脂、照相用药剂，农药、聚酯和聚醚树脂的生产，也是抗心律失常药物慢心律的原料
2,5-二叔丁基酚	5875-45-6	腐臭味	—	—	—	是多种光稳定剂、抗氧化剂的重要中间体

续表

异味物质	CAS 号	嗅辨气味	嗅辨阈值/(ng/mL)	蒸气压/mmHg	毒 性	用 途
4-羟基辛烷	589-63-9	油味	—	—	—	化学试剂
反,反-2,4-壬二烯醛	5910-87-2	绿色植物味、脂肪味、蜡味	10	—	—	GB 2760—1996 规定为允许使用的香料。主要用以配制肉类和家禽型香精
2,3-二甲基吡嗪	5910-89-4	花生味、黄油味、可可味、肉味、坚果味	100	—	经口-大鼠 LD$_{50}$ 613mg/kg	GB 2760—1996 规定为暂时允许使用的食品用香料。主要用于配制肉类、可可、坚果、榛子、花生、花生、爆米花、土豆、面包、谷物、酵母、果仁、巧克力、咖啡、奶油和烟草香精
2-己酮	591-78-6	醚味	10	10(39℃)	经口-大鼠 LD$_{50}$ 2590mg/kg；经口-小鼠 LD$_{50}$ 710mg/kg	用作溶剂和有机合成中间体
2-吲哚酮	59-48-3	清香	—	—	—	医药中间体
2,4,6-三溴苯甲醚	607-99-8	泥土味、霉味	0.01	—	—	用作农药中间体
安替比林	60-80-0	特殊气味	—	—	经口-大鼠 LD$_{50}$ 1705mg/kg；经口-小鼠 LD$_{50}$ 1310mg/kg	用作解热镇痛药，用作硝酸、亚硝酸及碘的分析试剂
2,3-二氯苯胺	608-27-5	略刺激性气味	—	—	—	用作医药、农药中间体
2,6-二溴苯酚	608-33-3	苯酚味	0.01	—	—	有机合成，制备 3,4,5-三氧苯甲醛等
2,4-二溴苯酚	615-58-7	碘仿味	1	—	—	化工原料
2-吡咯烷酮	616-45-5	微氨味	—	—	—	可用作溶剂及有机合成中间体，以及用来制造尼龙 4 和乙烯基吡咯烷酮等
5-甲基糠醛	620-02-0	杏仁味、焦糖味	1000	—	—	是拟除虫菊酯丙菊酯和丙快菊酯的中间体
间硝氨酚	621-42-1	特殊气味	—	—	—	医药中间体；小分子抑制剂
1-甲基金刚烷	6221-74-5	未能识别	—	—	—	分析试剂
2-正丙基吡啶	622-39-9	花生味、黄油味、可可味等	10	—	—	中间体；医药中间体；有机原料

续表

异味物质	CAS号	嗅辨气味	嗅辨阈值/(ng/mL)	蒸气压/mmHg	毒性	用途
二硫化二甲基	624-92-0	甘蓝味、洋葱味、腐败味	100	22(20℃)	吸入-大鼠 LC_{50} 16mg/(m³·2h); 吸入-小鼠 LC_{50} 12mg/(m³·2h)	用作溶剂和农药中间体、燃料和润滑油添加剂、乙烯裂解炉和渗油装置的结焦抑制剂等
3-氟代氯苯	625-98-9	刺激性气味	—	—	—	医药、农药、液晶材料中间体
2-壬醇	628-99-9	黄瓜味	1000	—	—	食品用香料
2,4,6-三氯苯胺	634-93-5	泥土味、霉味	10	—	经口-大鼠 LD_{50} 2400mg/kg; 经口-小鼠 LD_{50} 1180mg/kg	用作偶氮染料、杀虫剂、杀菌剂、除草剂和照相染剂的原料、碱性品红偶联剂相用
3-(3,5-二叔丁基-4-羟基苯基)丙酸甲酯	6386-38-5	香味	—	—	—	新型抗氧剂的原料
对氯间甲酚	645-56-7	苦味、湿头发味	1000	—	—	用作液晶原料及中间体
异己酸	646-07-1	陈腐脂肪味、汗味、酸臭味	100	—	—	食品用香料
苯甲酸	65-85-0	刺激性	—	—	经口-大鼠 LD_{50} 1700mg/kg; 经口-小鼠 LD_{50} 1940mg/kg	用作化学试剂及防腐剂
己醛	66-25-1	脂肪味、动物脂味、草腥味	1	10(20℃)	经口-大鼠 LD_{50} 4800mg/kg; 经口-小鼠 LD_{50} 8292mg/kg	GB 2760—1996 规定为暂时允许使用的食用香料，主要用于配制苹果和番茄香精
2-溴对甲酚	6627-55-0	碘味、药味	1	—	—	有机合成的中间体
金刚烷醇	700-57-2	土腥味	—	—	—	合成金刚烷类的中间体
2,4-二氯-5-氟苯乙酮	704-10-9	微臭	—	—	—	医药中间体，为第三代广谱高效喹诺酮类抗菌剂环丙沙星、蒽诺沙星的主要中间体
丙位癸内酯	706-14-9	脂肪味、豌豆味	1	—	—	配制食品、制皂、日用化妆品用香精，也可作人造奶油增香剂
1-戊醇	71-41-0	香油味	100	1(13.6℃)	—	用作医药中间体

续表

异味物质	CAS号	嗅辨气味	嗅辨阈值/(ng/mL)	蒸气压/mmHg	毒性	用途
2,4-二叔丁基-6-硝基苯酚	728-40-5	酚味	—	—	—	医药中间体
3-甲氧基吡啶	7295-76-3	腐烂味,臭	—	—	—	化学试剂,精细化学品
三氯乙酸十一烷基酯	74339-49-4	微刺激性气味	—	—	—	分析试剂
2-甲基丁酸乙酯	7452-79-1	苹果味	1	—	—	GB 2760—1996规定为允许使用的食用香料。主要用以配制苹果、草莓、葡萄、覆盆子、芒果等热带水果型香精
三甲基乙酰胺	754-10-9	微臭	—	—	—	化学试剂
N,N-二丁基甲酰胺	761-65-9	腐臭味	—	—	—	医药中间体
莰酮	76-22-2	樟脑味	100	—	—	
金刚烷胺	768-94-5	胺味	—	—	—	抗病毒药,也是抗震颤麻药。用于制造金刚烷衍生物盐酸金刚烷胺等
1-金刚烷醇	768-95-6	土腥味	—	—	—	合成金刚烷类的中间体
3,4-二甲基苯丙酮	776-99-8	芳烃味,略刺激性气味	—	—	—	降压药甲基多巴的中间体
磷酸三乙酯	78-40-0	焦味,令人不愉快的气味	—	0.13(39℃)	经口大鼠 LD$_{50}$ 800mg/kg;经口小鼠 LD$_{50}$ 1500mg/kg	用作乙基化剂和制备焦磷酸四乙酯的原料
异佛尔酮	78-59-1	芳香味,略刺激性气味	—	0.2(20℃)	经口大鼠 LD$_{50}$ 1870mg/kg;经口小鼠 LD$_{50}$ 2690mg/kg	该品为高沸点溶剂。主要用于农药、涂料和罐头涂层等方面
芳樟醇	78-70-6	花木味,薰衣草味	10	0.17(25℃)	经口大鼠 LD$_{50}$ 2790mg/kg	用于化妆品、肥皂、洗涤剂、食品等香料的配制
三苯基氧膦	791-28-6	未能识别	—	—	—	用作有机合成及医药中间体、萃取剂、催化剂等

续表

异味物质	CAS 号	嗅辨气味	嗅辨阈值 /(ng/mL)	蒸气压 /mmHg	毒性	用途
异丁酸	79-31-2	陈腐脂肪味、奶酪味、黄油味	1000	1.5(20℃)	经口-大鼠 LD$_{50}$ 280mg/kg	生产用于香水和香料的酯的原料，用作纺织助剂（以盐的形式）以及作为多种化学反应的溶剂
1,1,2,2-四氯乙烷	79-34-5	氯仿气味	—	8(20℃)	经口-大鼠 LD$_{50}$ 250mg/kg；腹腔-小鼠 LD$_{50}$ 821mg/kg	用于生产金属净洗剂，杀虫剂，除草剂，溶剂等
β-紫香酮	79-77-6	花味、紫罗兰味、木莓味、海草味	0.1	—	经口-大鼠 LD$_{50}$ 4590mg/kg	GB 2760—1996 规定为暂时允许使用的食用香料。主要用以配制树莓、草莓、黑莓、樱桃、葡萄、菠萝等型香精
雪松醇	8000-27-9	杉木芳香	—	—	经口-大鼠 LD$_{50}$ 5000mg/kg	是调配香皂、化妆品香精的重要香料，尤其在檀香型香精中用量较大
松油醇	8000-41-7	丁香味	—	—	经口-大鼠 LD$_{50}$ 4300mg/kg	用于配制香精，也用于医药、农药、塑料、肥皂、油墨香料中，又是玻璃器皿上色彩的溶剂
Λ-蒎烯	80-56-8	溶剂味	10	—	—	食品用香料
甲基丙烯酸甲酯	80-62-6	辛辣味	100	29(20℃)	经口-大鼠 LD$_{50}$ 7872mg/kg；经口-小鼠 LD$_{50}$ 3625mg/kg	该品主要用作聚甲基丙烯酸甲酯（有机玻璃）的单体；也用于制造其他树脂、塑料、黏合剂、涂料、润滑剂、木材浸润剂，电机线圈浸透剂、离子交换树脂、纸张上光剂、纺织印染助剂、皮革处理剂和绝缘灌注材料等
胆甾烷醇	80-97-7	青草芳香	10	—	—	小分子抑制剂
2-壬酮	821-55-6	绿色植物味、肥皂味、热牛乳味	10	—	—	GB 2760—1996 规定为允许使用的食用香料
甲基吲哚	83-34-1	排泄物味、樟脑味	1	—	—	用于有机合成，可作香料工业的定香剂

地表水异味异嗅特征有机物质监测技术

续表

异味物质	CAS号	嗅辨气味	嗅辨阈值/(ng/mL)	蒸气压/mmHg	毒性	用途
豆甾醇	83-48-7	草味	—	—	—	用作甾体激素合成原料，也可用作维生素 D_3 的生产原料
邻苯二甲酸酐	85-44-9	刺激性气味	—	<0.01(20℃)	经口-大鼠 LD_{50} 4020mg/kg；口-小鼠 LD_{50} 1500mg/kg	用于生产增塑剂、醇酸树脂、不饱和聚酯树脂、染料及颜料，医药及农药等
异丙甲草胺	87392-12-9	刺激性气味	—	—	—	除草剂
2,4,6-三氯苯甲醚	87-40-1	泥土味、霉味	0.001	—	—	—
6-氯邻甲酚	87-64-9	碘味、药味	0.1	—	—	—
2,6-二氯苯酚	87-65-0	碘味、药味	0.1	—	经口-小鼠 LD_{50} 2120mg/kg	用作医药、农药、染料及有机合成中间体
2-三氟甲基苯胺	88-17-5	油墨味	—	—	—	该品是合成含氟除草剂和医药、染料的重要中间体
2-氯硝基苯	88-73-3	杏仁味	—	0.04(25℃)	经口-大鼠 LD_{50} 260mg/kg；口-小鼠 LD_{50} 135mg/kg	是重要的有机合成中间体，可衍生多种中间体。在染料工业中用于制黄色基GC、橙色基GR等；在香料助剂中用于制造橡胶促进剂M及DM等；农药工业用于生产托布津和甲基托布津、多菌灵；它也是苯并三氮唑类紫外线吸收剂的重要原料。也是医药的重要中间体
2-硝基苯胺	88-74-4	芳烃味	—	—	经口-大鼠 LD_{50} 1600mg/kg；口-小鼠 LD_{50} 1070mg/kg	主要用作染料中间体及合成照相显影剂，也用于微量碘化物的测定，农药多菌灵的生产等
2-溴-4-甲氧基吡啶	89488-29-9	略臭	—	—	—	化学试剂，精细化学品

续表

异味物质	CAS号	嗅辨气味	嗅辨阈值/(ng/mL)	蒸气压/mmHg	毒性	用途
薄荷醇	89-78-1	甜味、薄荷味	1000	0.8(20℃)	—	主要用于医药、牙膏、牙粉、漱口水，用其凉味以增强薄荷油的气味、起醒脑、消毒作用；其次是作为香料用于古龙香精，适量用人玫瑰、香叶、薰衣草、香薇等型的低档香皂和洗涤剂香精，有增强和提调香气的作用；也可用于食用香精和酒用香精和烟用香精
1-甲基萘	90-12-0	甜味、陈腐脂肪味	100	—	经口-大鼠 LD$_{50}$ 1840mg/kg	用作表面活性剂、减水剂、药剂等有机合成的原料
萘	91-20-3	沥青味	10	0.03(25℃)	经口-大鼠 LD$_{50}$ 490mg/kg；经口-小鼠 LD$_{50}$ 316mg/kg	主要用于生产苯酐，也是生产染料、医药等的原料
2-甲基萘	91-57-6	甜味、陈腐脂肪味	1	—	经口-大鼠 LD$_{50}$ 163mg/kg	生产维生素 K$_3$ 的原料，制口服避孕药、合成植物生长抑制剂，也用作表面活性剂、分散剂等
香豆素	91-64-5	甜味、绿色植物味	1	0.01(47℃)	经口-大鼠 LD$_{50}$ 293mg/kg；经口-小鼠 LD$_{50}$ 196mg/kg	用于制造香料，作定香剂，也用于电镀工业
2-烯环戊酮	930-30-3	薄荷味	—	—	—	工业中间体
甲基丁子香酚	93-15-2	香料味、丁香花味	1000	—	—	化肥与农药；杀虫剂
2-羟基苯乙噻唑	934-34-9	不愉快的气味	—	—	—	是除草剂噻唑禾草灵的中间体
1-氯金刚烷	935-56-8	薄荷味	—	—	—	金刚烷系列
2-乙氧基苯酚	94-71-3	油墨味	—	—	—	是合成香料乙基香兰素的原料，也可以作为医药原料

续表

异味物质	CAS号	嗅辨气味	嗅辨阈值/(ng/mL)	蒸气压/mmHg	毒性	用途
苯并噻唑	95-16-9	芳香味、清凉	—	34 (131℃)	经口-大鼠 LD_{50} 466mg/kg；经口-小鼠 LD_{50} 900mg/kg	用作照相材料、有机合成中间体，也可用为农业植物资源研究的试剂
邻二甲苯	95-47-6	天竺葵味	2000	<7.6 (21.1℃)	腹注-小鼠 LD_{50} 1364mg/kg	是杀菌剂灭锈胺、四氯苯胺和除草剂苄嘧磺隆的原料，用以制造邻甲基苯甲酸作为中间体
邻甲苯酚	95-48-7	苯酚味	100	0.3 (20℃)	经口-大鼠 LD_{50} 121mg/kg；经口-小鼠 LD_{50} 344mg/kg	合成树脂，还可用于制作农药二甲四氯除草剂，医药上的消毒剂、香料和化学试剂及抗氧剂等
邻氯苯胺	95-51-2	氨味	—	—	经口-小鼠 LD_{50} 256mg/kg	用作农药、医药，染料和合成树脂的中间体
邻溴酚	95-56-7	苯酚味、碘味	1	—	经口-小鼠 LD_{50} 652mg/kg；腹腔-小鼠 LD_{50} 633mg/kg	用于有机合成
邻氯苯酚	95-57-8	碘味、药味	1	—	经口-大鼠 LD_{50} 670mg/kg；经口-小鼠 LD_{50} 345mg/kg	用于医药、农药和染料及其他有机合成原料
3,4-二氯苯胺	95-76-1	略刺激性气味	—	—	经口-大鼠 LD_{50} 545mg/kg；经口-小鼠 LD_{50} 740mg/kg	可作农药和染料的中间体。用于合成敌草隆、敌稗，灭草灵等除草灵及偶氮染料；也用作生物活性组分中间体
1,2,4,5-四甲苯	95-93-2	甜味、陈腐脂肪味	10	160 (140℃)	经口-大鼠 LD_{50} 6989mg/kg；静脉-小鼠 LD_{50} 180mg/kg	主要用于制取均苯四甲酸二酐，也用于生产聚酰亚胺树脂、染料、增塑剂、表面活性剂等
2,4-二叔丁基苯酚	96-76-4	腐臭味	—	—	—	可作抗氧剂、稳定剂、紫外线吸收剂的中间体
丁香油酚	97-53-0	蜂蜜味、丁香花味	1	—	经口-大鼠 LD_{50} 1930mg/kg；经口-小鼠 LD_{50} 3000mg/kg	GB 2760—1996规定为允许使用的食用香料。主要用于配制烟熏火腿、坚果和香辛料等型香精，亦为合成香兰素的主要原料

续表

异味物质	CAS号	嗅辨气味	嗅辨阈值/(ng/mL)	蒸气压/mmHg	毒性	用途
异丁子香酚	97-54-1	花味	0.1	<0.01(20℃)	经口-大鼠 LD$_{50}$1560mg/kg	GB 2760—1996规定为暂时允许使用的食用香料。主要用以配制火腿、熏烟和香辛料等型香料，亦广泛用于各种果香型，如香蕉、树莓、草莓、丁香、肉豆蔻、桂皮、桃、坚果、杏等型香精，否为合成兰素的原料
3-三氟甲基苯胺	98-16-8	油墨味	—	0.3(20℃)	经口-大鼠 LD$_{50}$480mg/kg；口-小鼠 LD$_{50}$220mg/kg	是除草剂氟草隆、氟略草隆和吡氟苯胺的中间体，也是医药中间体，如用于合成氟灭酸丁酯、莫尼氟酯、氟备乃静、三氟丙嗪、氟沙伦等
3-三氟甲基苯酚	98-17-9	刺激性气味、酚味	—	—	—	用作农药、医药和染料中间体
松油醇	98-55-5	薄荷味、茴芹味、油味	100	—	—	用于配制香精，也用于医药、农药、塑料、肥皂、油墨工业中，又是玻璃器皿上色彩的溶剂
A-甲基苯乙烯	98-83-9	汽油味、香油味	10	2.1(20℃)	经口-大鼠 LD$_{50}$4900mg/kg；口-小鼠 LD$_{50}$4500mg/kg	本品用作聚合物单体，如二甲苯橡胶和耐高温塑料。热熔剂，增塑剂以及合成磷酸等，也可用以制取涂料
乙酰苯	98-86-2	花味、霉味、杏仁味	1000	0.45(25℃)	经口-大鼠 LD$_{50}$815mg/kg；口-小鼠 LD$_{50}$740mg/kg	GB 2760—1996规定为允许使用的食用香料。主要用于配制葡萄、樱桃等各种水果和烟草香精
甲基异丙基苯	99-87-6	芳香气味	—	1.5(20℃)	经口-大鼠 LD$_{50}$4750mg/kg	用于制取对甲苯酚、丙酮，用作染料、医药、香料的中间体。异丙基甲苯存在于多种精油中，本身是一种香料
4-异丙基苯酚	99-89-8	苯酚臭味	—	—	经口-小鼠 LD$_{50}$875mg/kg	医药中间体
4-叔丁基苯酚	98-54-4	苯酚臭味	2	1	经口-大鼠 LD$_{50}$3250μL/kg；腹-小鼠 LD$_{50}$78mg/kg	在农药上用于杀螨剂杀螨特的合成，也是杀菌剂螺环菌胺的原料。它具有抗氧化性质，可用于橡胶、肥皂、氯代烃和硝化纤维的稳定剂；是医药（驱虫剂）、香料、合成树脂的原料，软化剂、溶剂、染料与涂料的添加剂；还可用作油田用破乳剂成分及车用油添加剂

注：1mmHg＝133.3Pa。

参 考 文 献

[1] Kajino M. The relationship between musty-odor-causing organism sand water quality in Lake Biwa [J] . Water Science and Technology [J] . 1995, 31 (11): 153-158.

[2] Steven W L loyd. Rapid analysis of geosmin and 2-methy-lisoborneol in water using solid phase micro extract ion procedures [J] . Water research, 1998, 32 (7): 2140-2146.

[3] Suffet I H. The drinking water taste and odor wheel for the millennium: beyond Geosmins and 2-methylisoborneol [J] . Water Science and Technology, 1999, 40 (6): 1-13.

[4] 黄显怀. 巢湖水体异味产生的原因及其治理对策探讨 [J] . 安徽建筑大学学报, 1994 (1): 5-8.

[5] 王利平, 虞锐鹏, 刘扬崛, 等. 气相色谱-质谱联用测定富营养化水体中的异味物质 [J] . 理化检验 (化学分册), 2006, 42 (12): 1013-1015.

[6] 陆娴婷, 张建英, 朱荫泥. 饮用水的异嗅异味研究进展 [J] . 环境污染与防治, 2003, 25 (1): 32-42.

[7] 王锐, 韩敏. 水质特性和 NOM 在臭氧氧化和 PAC 吸附去除 MIB、GEOSM 取上的作用 [J] . 环境科学导刊, 2007, 26 (5): 50-53.

[8] 徐旭冉. 太湖水源地水体异味检测及预警系统研究 [D] . 南京: 南京理工大学, 2010.

[9] Hiroshi F. Environmental odor management in Japan [J] . VDI Berichte, 2004, 1850: 71-76.

[10] David F. UK air pollution legislation—A global comparison [J] . Chemical Engineer, 2004, 760: 42-43.

[11] EN 13725: Air quality—Determination of odour concentration by dynamic olfactometry [S] . 2003: 1-15.

[12] 赵东风, 罗叶新, 张庆冬, 等. 嗅觉仪测定恶臭污染物有效性研究 [J] . 实验室研究与探索, 2007, 26 (11): 26-29.

[13] Li J, Ma M, Wang Z. A two-hybrid yeast assay to quantify the effects of xenobiotics on thyroid hormone-mediated gene expression [J] . Environmental Toxicology and Chemistry, 2008, 27 (1): 159-167.

[14] 国家环境保护总局. 水和废水监测分析方法 (第四版) [M] . 北京: 中国环境科学出版社, 2002.

[15] Chen Y, Bundy D S, Hoff S J. Using olfactometry to measure intensity and threshlid dilution ratio for evaluating swine odor [J] . Waste Manag Assoc, 1999, 49 (7): 847-853.

[16] Mahin T D. Using Dispersion of Dilution Threshold (D/T) Odor Levels to Meet Regulatory Requirements Composting Facilities [C] . Presented at 90th Annual Air Management Association Meeting, Toronto Ontario Canada, 1997.

[17] Patcharee P, Weeraya K, Seung K P. Identification of Odor-active Components of Agarwood Essential Oils from Thailand by Solid Phase Microextraction-GC/MS and GC-O [J] . Journal of Essential Oil Research, 2011, 23 (4): 46-53.

[18] Rabaud N E, Ebeler S E, Ashbaugh L L, et al. The application of thermal desorption GC/MS

with simulataneous olfactory evaluation for the characterization and quantification of odor compounds from a dairy [J] . Journal of Agricultural and Food Chemistry, 2002, 50 (18): 5139-5145.

[19] Zhao M M, Cai Y, Feng Y Z, et al. Identification of aroma-active compounds in soy sauce by HS-SPME-GC-MS/O [J] . Modern Food Science & Technology, 2014, 30 (11): 204-212.

[20] Atsushi U, Yusei K, Shinsuke M, et al. Characterization of aroma-active compounds in dry flower of Malva sylvestris L. by GC-MS-O analysis and OAV calculations [J] . Journal of Oleo Science, 2013, 62 (8): 563-570.

[21] 牛丽影, 郁萌, 刘夫国, 等. 香橼精油的组成及香气活性成分的 GC-MS-O 分析 [J] . 食品与发酵工业, 2013, 39 (04): 186-191.

[22] 孙宗保, 樊毅萍, 冀鹏. 基于 SPME-GC-MS-O 的不同品牌镇江香醋香气的比较研究 [J] . 中国调味品, 2015, 40 (09): 26-29.

[23] Angélique V, Gaëlle A, Laurent L, et al. Selection of a representative extraction method for the analysis of odorant volatile composition of French cider by GC-MS-O and GC × GC-TOF-MS [J] . Food Chemistry, 2012, 131 (4): 1561-1568.

[24] Katharina B, Barbara G. Aroma Profile of a Red-Berries Yoghurt Drink by HS-SPME-GC-MS-O and Influence of Matrix Texture on Volatile Aroma Compound Release of Flavored Dairy Products-Flavour Science-Chapter 18 [J] . Flavour Science, 2014, 73 (13): 101-106.

[25] Yu Y X, Sun X H, Liu Y, et al. Odor fingerprinting of Listeria monocytogenes recognized by SPME-GC-MS and E-nose. [J] . Canadian Journal of Microbiology, 2014, 61 (5): 367-372.

[26] Stonge L M, Dolar E, Anglim M A, et al. Improved Determination of Phenobarbital Primidone and Phenytoin by Use of a Preparative Instrument for Extraction, Followed by Gas Chromatography [J] . Forensic Science International, 2001, 116 (1): 15-22.

[27] Pihlström T, Hellström A, Axelsson V. Gas chromatographic analysis of pesticides in water with off-line solid phase extraction [J] . Analytica Chimica Acta, 1997, 356 (2-3): 155-163.

[28] Planas C, Puig A, Rivera J, et al. Analysis of pesticides and metabolites in Spanish surface waters by isotope dilution gas chromatography/mass spectrometry with previous automated solid-phase extraction Estimation of the uncertainty of the analytical results [J] . Journal of Chromatography A, 2006, 1131: 242-252.

[29] Ma J P, Xiao R H, Li J H, et al. Determination of 16 polycyclic aromatic hydrocarbons in environmental water samples by solid-phase extraction using multi-walled carbon nanotubes as adsorbent coupled with gas chromatography-mass spectrometry [J] . Journal of Chromatography A, 2010, 1217: 5462-5469.

[30] Gorana P, Dragana M P, Sandra B. Development and validation of a SPE-GC-MS method for the determination of pesticides in surface water [J] . International Journal of Environmental Analytical Chemistry, 2013, 93 (93): 1311-1328.

[31] 叶伟红, 张睿, 潘荷芳, 等. 固相微萃取气质联用法测定地表水中四乙基铅 [J] . 质谱学报,

2013，34（04）：233-238.

[32] Cheng Z P，Dong F S，Xu J，et al. Atmospheric pressure gas chromatography quadrupole-time-of-flight mass spectrometry for simultaneous determination of fifteen organochlorine pesticides in soil and water.［J］. Journal of Chromatography A，2016，1435：115-123.

[33] Chen Q，Luo S，Yuan Z. Simultaneous determination of ten taste and odor compounds in drinking water by solid-phase micro-extraction combined with gas chromatography-mass spectrometry ［J］. Journal of Environmental Sciences，2013，25（11）：2313-2323.

[34] 王利平，虞锐鹏，刘扬岷，等. 气相色谱-质谱联用测定富营养化水体中的异味物质［J］. 理化检验（化学分册），2006，42（12）：1013-1015.

[35] Deng Z，Lin Z F，Zou X M，et al. Model of hormesis and its toxicity mechanism based on quorum sensing：a case study on the toxicity of sulfonamides to photobacterium phosphoreum. Environmental Science & Technology，2012，46（14）：7746-7753.

[36] Steven W，Loyd L. Rapid analysis of geosmin and 2-methy-lisoborneol in water using solid phase micro extract ion procedures ［J］. Water Research，1998，32（7）：2140-2146.

[37] Hogben P，Drage B，Stuetz R M. Electronic sensory systems for taste and odour monitoring in water-Developments and limitations ［J］. Reviews in Environmental Science & Biotechnology，2004，3（1）：15-22.

[38] 刘祖发，张素琼，卓文珊，等. 广州市海珠区地表水中致嗅物质及毒性分析［J］. 湖泊科学，2013，6：900-906.

[39] 马康，张金娜，何雅娟，等. 顶空固相微萃取-气质联用测定环境水样中7种痕量土霉味物质［J］. 分析化学，2011，39：1823-1829.

[40] Xie J，Sun B，Zheng F，et al. Volatile flavor constituents in roasted pork of Mini-pig ［J］. Food Chemistry，2008，109：506-513.

[41] 孙琼. GC/MS结合智能辅助调香系统在烟用香精仿香中的应用［D］. 长沙：中南大学，2013.

[42] Fretz C，Känel S，Luisier J L，et al. Analysis of volatile components of Petite Arvine wine ［J］. European Food Research Technology，2005，221：504-510.

[43] Eaux L，Wilson P. Wilson W. Design and application of a GC-Sniff/MS system for solving taste and odour episodes in drinking water ［J］. Water Science & Technology，2004，49（9）：81-87.

[44] Agus E，Lim M H，Zhang L，et al. Odorous compounds in municipal wastewater effluent and potable water reuse systems ［J］. Environmental Science & Technology，2011，45（21）：9347-9355.

[45] Hayes J E，Stevenson R J，Stutz R M. The impact of malodour on communities：A review of assessment techniques ［J］. Science of the Total Environment，2014，500-501（9）：395-407.

[46] 郁建栓. 固相萃取-气相色谱/质谱法测定地面水中半挥发性有机物［J］. 岩矿测试，2006，25（4）：331-333.

[47] Lu L，Deng H M，Lin Z X. Interaction between N-Benzoyl-dehydroabietylamine derivatives with angiotensin by electrospray ionization mass spectrometry ［J］. Chemical journal of Chinese univer-

sities-chinese, 2011, 32 (4): 863-867.

[48] 王静, 潘荷芳, 刘铮铮, 等. 地表水中氨基甲酸酯农药及代谢物的快速、灵敏分析方法研究 [J]. 中国环境监测, 2009, 25 (4): 11-15.

[49] 金米聪, 马建明, 陈晓红, 等. 饮用水中 3 种氯酚异构体的液相色谱-质谱联用法测定研究 [J]. 中国卫生检验杂志, 2006, 05: 519-521.

[50] 任仁, 陈明, 林兴桃, 等. 印钞行业废水中邻苯二甲酸酯类化合物残留分析 [J]. 中国环境监测, 2006 (1): 18-20.

[51] Saraji M, Mirmahdieh S. Single-drop microextraction followed by in-syringe derivatization and GC-MS detection for the determination of parabens in water and cosmetic products. [J]. Journal of Separation Science, 2009, 32 (32): 988-995.

[52] 安华娟, 郑存江, 刘清辉, 等. 气相色谱-质谱多级质谱测定水中的多环芳烃 [J]. 现代科学仪器, 2007, 17 (3): 92-93.

[53] 陈静, 戴振宇, 许群, 等. 在线固相萃取-高效液相色谱法测定水体中的多环芳烃 [J]. 分析化学, 2014 (12): 1785-1790.

[54] Mollahosseini A, Rokue M, Mojtahedi M M, et al. Mechanical stir bar sorptive extraction followed by gas chromatography as a new method for determining polycyclic aromatic hydrocarbons in water samples [J]. Microchemical Journal, 2016, 126: 431-437.

[55] 李荫, 柳叶, 孙晓伟, 等. 多环芳烃的样品前处理技术研究进展 [J]. 环境化学, 2015, 34 (8): 1460-1469.

[56] Baltussen E, Sandra P, David F, et al. Stir bar sorptive extraction (SBSE), a novel extraction technique for aqueous samples: Theory and principles [J]. Microcolumn Sep, 1999, 11 (10): 737-747.

[57] 陈林利, 黄晓佳, 袁东星. 搅拌棒固相萃取的研究进展 [J]. 色谱, 2011, 29 (5): 375-381.

[58] Nogueira J M F. Stir-bar sorptive extraction: 15 years making sample preparation more environment-friendly [J]. Trac Trends in Analytical Chemistry, 2015, 71: 214-223.

[59] 林福华, 邱宁宁, 黄晓佳, 等. 搅拌棒固相萃取与液相色谱联用测定水样品中烷基酚类污染物 [J]. 分析化学, 2010, 38 (1): 67-71.

[60] 李晓敏, 张庆华, 王璞, 等. 搅拌子固相吸附-热脱附-气相色谱/质谱/质谱法快速测定空气中多环芳烃 [J]. 分析化学, 2011, 39 (11): 1641-1646.

[61] León V M, Álvarez B, Cobollo M A, et al. Analysis of 35 priority semivolatile compounds in water by stir bar sorptive extraction-thermal desorption-gas chromatography-mass spectrometry: I. Method optimisation [J]. Journal of Chromatography A, 2003, 999 (1-2): 91-101.

[62] Cacho J I, Campillo N, Viñas P, et al. Stir bar sorptive extraction with EG-Silicone coating for bisphenols determination in personal care products by GC-MS [J]. Journal of Pharmaceutical & Biomedical Analysis, 2013, 78-79 (9): 255-260.

[63] León V M, Álvarez B, Cobollo M A, et al. Analysis of 35 priority semivolatile compounds in water by stir bar sorptive extraction-thermal desorption-gas chromatography-mass spectrometry:

I. Method optimisation [J]. Journal of Chromatography A, 2003, 999 (1-2): 91-101.

[64] Kolahgar B, Hoffmann A, Heiden A C. Application of stir bar sorptive extraction to the determination of polycyclic aromatic hydrocarbons in aqueous samples [J]. Journal of Chromatography A, 2002, 963 (1-2): 225-230.

[65] Guart A, Calabuig I, Lacorte S, et al. Continental bottled water assessment by stir bar sorptive extraction followed by gas chromatography-tandem mass spectrometry (SBSE-GC-MS/MS) [J]. Environmental Science and Pollution Research, 2014, 21 (4): 2846-2855.

[66] 李荫, 柳叶, 孙晓伟, 等. 多环芳烃的样品前处理技术研究进展 [J]. 环境化学, 2015, 34 (8): 1460-1469.

[67] 秦玉荣, 余翀天, 梁立娜. CSR-GC-MS 测定环境水体中的 18 种多环芳烃 [J]. 环境化学, 2016, 35 (3): 601-603.

[68] 杨蕾, 王保兴, 侯英, 等. 应用搅拌棒吸附萃取-热脱附-气相色谱/质谱法快速测定滇池水系中的 16 种多环芳烃 [J]. 色谱, 2007, 25 (5): 747-752.

[69] 孙亚男, 杨国栋. 汾河中段地表水环境 PAHs 污染现状研究 [J]. 山西财经大学学报, 2011, 33 (2): 256-257.

[70] 高列波, 张鑫, 罗文婷. 阳泉市地表水水质及多环芳烃污染 [J]. 山西水利科技, 2016 (3): 6-9.

[71] Xu X Y, Jiang Z Y, Wang J H, et al. Distribution and characterizing sources of polycyclic aromatic hydrocarbons of surface water from Jialing River [J]. Journal of Central South University, 2012, 19 (3): 850-854.

[72] Kuranchie-Mensah H, Atiemo S M, Palm N D, et al. Determination of organochlorine pesticide residue in sediment and water from the Densu river basin, Ghana [J]. Chemosphere, 2012, 86 (3): 286-292.

[73] Shi X, Tang Z, Sun A, et al. Simultaneous analysis of polychlorinated biphenyls and organochlorine pesticides in seawater samples by membrane-assisted solvent extraction combined with gas chromatography-electron capture detector and gas chromatography-tandem mass spectrometry [J]. Journal of Chromatography B, 2014, 972: 58-63.

[74] David F, Sandra P. Stir bar sorptive extraction for trace analysis [J]. Journal of Chromatography A, 2007, 1152 (1-2): 54-69.

[75] Lacorte S, Quintana J, Tauler R, et al. Ultra-trace determination of Persistent Organic Pollutants in Arctic ice using stir bar sorptive extraction and gas chromatography coupled to mass spectrometry [J]. Journal of Chromatography A, 2009, 1216 (49): 8581-8589.

[76] Margoum C, Guillemain C, Yang X, et al. Stir bar sorptive extraction coupled to liquid chromatography-tandem mass spectrometry for the determination of pesticides in water samples: method validation and measurement uncertainty. [J]. Talanta, 2013, 116 (22): 1-7.

[77] Ochiai N, Ieda T, Sasamoto K, et al. Stir bar sorptive extraction and comprehensive two-dimensional gas chromatography coupled to high-resolution time-of-flight mass spectrometry for ultra-

trace analysis of organochlorine pesticides in river water [J] . Journal of Chromatography A，2011，1218（39）：6851-6860.

[78] Sánchez-Avila J，Quintana J，Ventura F，et al. Stir bar sorptive extraction-thermal desorption-gas chromatography-mass spectrometry：An effective tool for determining persistent organic pollutants and nonylphenol in coastal waters in compliance with existing Directives [J] . Marine Pollution Bulletin，2010，60（1）：103-112.

[79] Pérez-Carrera E，León V M，Parra A G，et al. Simultaneous determination of pesticides，polycyclic aromatic hydrocarbons and polychlorinated biphenyls in seawater and interstitial marine water samples，using stir bar sorptive extraction-thermal desorption-gas chromatography-mass spectrometry. [J] . Journal of Chromatography A，2007，1170（1-2）：82-90.

[80] Qu S，Wang J，Kong J，et al. Magnetic loading of carbon nanotube/nano-Fe_3O_4 composite for electrochemical sensing. [J] . Talanta，2007，71（3）：1096.

[81] Cao X，Shen L，Ye X，et al. Ultrasound-assisted magnetic solid-phase extraction based ionic liquid-coated Fe_3O_4@ graphene for the determination of nitrobenzene compounds in environmental water samples [J] . Analyst，2014，139（8）：1938-1944.

[82] Wang W，Li Y，Wu Q，et al. Extraction of neonicotinoid insecticides from environmental water samples with magnetic graphene nanoparticles as adsorbent followed by determination with HPLC [J] . Analytical Methods，2012，4（3）：766-772.

[83] Ma Z，Guan Y，Liu H. Synthesis and characterization of micron - sized monodisperse superparamagnetic polymer particles with amino groups [J] . Journal of Polymer Science Part A：Polymer Chemistry，2005，43（15）：3433-3439.

[84] 刘宛宜，杨璐泽，于萌，等. 聚丙烯酸盐-丙烯酰胺水凝胶的制备及对重金属离子吸附性能的研究 [J] . 分析化学，2016，44（5）：707-715.

[85] Orozco-Guareño E，Santiago-Gutiérrez F，Morán-Quiroz J L，et al. Removal of Cu（Ⅱ）ions from aqueous streams using poly（acrylic acid-co-acrylamide）hydrogels [J] . Journal of colloid and interface science，2010，349（2）：583-593.

[86] Wang R Z，Huang D L，Liu Y G，et al. Selective removal of BPA from aqueous solution using molecularly imprinted polymers based on magnetic graphene oxide [J] . RSC Advances，2016，6（108）：106201-106210.

[87] Han Q，Wang Z，Xia J，et al. Graphene as an efficient sorbent for the SPE of organochlorine pesticides in water samples coupled with GC-MS [J] . Journal of separation science，2013，36（21-22）：3586-3591.

[88] Ke Y，Zhu F，Zeng F，et al. Preparation of graphene-coated solid-phase microextraction fiber and its application on organochlorine pesticides determination. [J] . Journal of Chromatography A，2013，1300（14）：187-192.

[89] Pintado-Herrera M G，González-Mazo E，Lara-Martín P A. Determining the distribution of triclosan and methyl triclosan in estuarine settings [J] . Chemosphere，2014，95：478-485.

[90] Chen M J，Liu Y T，Lin C W，et al. Rapid determination of triclosan in personal care products using new in-tube based ultrasound-assisted salt-induced liquid-liquid microextraction coupled with high performance liquid chromatography-ultraviolet detection [J] . Analyticachimicaacta，2013，767：81-87.

[91] Zheng Z，Wang J，Zhang M，et al. Magnetic polystyrene nanosphere immobilized TEMPO：a readily prepared，highly reactive and recyclable polymer catalyst in the selective oxidation of alcohols [J] . ChemCatChem，2013，5（1）：307-312.

[92] Cao X J，Kong Q L，Cai R，et al. Solid - phase extraction based on chloromethylated polystyrene magnetic nanospheres followed by gas chromatography with mass spectrometry to determine phthalate esters in beverages [J] . Journal of separation science，2014，37（24）：3677-3683.

[93] 张营，邰炜，景遂，等 . 液液萃取-气相色谱法测定水中的硝基苯类化合物 [J]，辽宁大学学报（自然科学版），37（3）：282-284.

[94] 刘宁 . 固相萃取-气相色谱法测定水中硝基苯类化合物的含量 [J] . 山东化工，2012，41（5）：48-51.

[95] 沈彬、罗三姗、张占恩 . 液相微萃取-气相色谱/质谱法测定水中硝基苯类化合物 [J] . 分析科学学报，2007，23（6）：705-708.

[96] Cha D，Ma B. Determination of Nitrobenzene in Water Using Ionic Liquid-Based Liquid-Phase Microextraction Coupled with HPLC [J] . American Laboratory，2009，41（8）：12-15.

[97] Zeng S，Gan N，Weideman-Mera R，et al. Enrichment of polychlorinated biphenyl 28 from aqueous solutions using Fe_3O_4 grafted graphene oxide [J] . Chemical Engineering Journal，2013，218（3）：108-115.

[98] Liu Q，Shi J，Zeng L，et al. Evaluation of graphene as an advantageous adsorbent for solid-phase extraction with chlorophenols as model analytes. [J] . Journal of Chromatography A，2014，1218（2）：197-204.

[99] Holopainen S，Luukkonen V，Nousiainen M，et al. Determination of chlorophenols in water by headspace solid phase microextraction ion mobility spectrometry（HS-SPME-IMS）[J] . Talanta，2013，114：176-182.

[100] Moradi M，Yamini Y，Esrafili A，et al. Application of surfactant assisted dispersive liquid-liquid microextraction for sample preparation of chlorophenols in water samples [J] . Talanta，2010，82（5）：1864-1869.

[101] Wang C，Ma R，Wu Q，et al. Magnetic porous carbon as an adsorbent for the enrichment of chlorophenols from water and peach juice samples. [J] . Journal of Chromatography A，2014，1361：60-66.

[102] Farahani M D，Shemirani F. Supported hydrophobic ionic liquid on magnetic nanoparticles as a new sorbent for separation and preconcentration of lead and cadmium in milk and water samples [J] . MicrochimicaActa，2012，179（3-4）：219-226.

[103] 周明莹、马健、高湘萍，等 . 高效液相色谱法检测海水中磺胺类药物残留 [J]，渔业科学进

展，2011（2）：102-105

[104] Herreraherrera A V，Hernándezborges J，Afonso M M，et al. Comparison between magnetic and non magnetic multi-walled carbon nanotubes-dispersive solid-phase extraction combined with ultra-high performance liquid chromatography for the determination of sulfonamide antibiotics in water samples. [J]. Talanta，2013，116（2）：695-703.

[105] 常安刚，周凯，江静，等. 温度驱动的离子液体分散液-液微萃取法同时检测环境水体中磺胺类药物 [J]. 环境化学，2013，32（2）：295-301.

[106] 吴翠琴，陈迪云，周爱菊，等. 离子液体单滴微萃取-高效液相色谱法测定水体中磺胺类药物 [J]. 分析化学，2011，39（1）：17-21.

附件

地表水异味有机物监测调查技术导则

（试行）

前　言

　　为规范水体中的异味有机物监测，鉴别地表水或饮用水中主要致味物质，有利于污染溯源，快速查明异味产生原因，从而更好地保障人民生命健康，制定本导则。

　　本技术导则规定了地表水异味有机物监测调查过程中的监测技术方法，主要包括布点与采样、监测项目与相应的检测分析方法、规范性文件引用、监测技术程序、监测质量保证等。

　　本技术导则由浙江省环境监测中心起草。

目　录

水体中的异味有机物质，也叫嗅味物质，是人们评价水质最早也是最直接的参数。主要有天然异嗅和人为异嗅两大来源。天然源主要由水中生物如藻类、微生物引起，主要原因在于藻类和放线菌的生长，还有一些自然污染，如树木叶子等腐烂后浸入水中滋生出的一些微生物，以及一些藻类植物的代谢物等，放线菌、真菌、细菌等在新陈代谢过程中会分泌土味素和 2-甲基异冰片，从而导致水体产生异嗅；后者主要来源于工业生产中的废水，日常生活排出的污水以及一些对湖泊海洋的自然污染，另外在对水进行净化处理过程中也有可能对水质造成污染，比如消毒剂、吸附剂等产生的副产物使水体产生异味。目前水体中常见的气味有以下几种：泥土味、霉味、芳香味、青草味、腐殖味、药品味、鱼腥味、臭鸡蛋味、焦油味、氯苯味等。异味物质的监测对于水体中异味污染水平评估、异味物质溯源、异味预警等具有重要意义。

1. 范围

本导则适用于地表水水体中异味有机物质的水质调查监测。

2. 规范性引用文件

下列文件对于本文件的应用必不可少。凡是注日期的引用文件，仅所注日期的版本适用于本文件。凡是不注日期的引用文件，其最新版本（包括所有的修改单）适用于本文件。

《地表水和污水监测技术规范》（HJ/T 91—2002）

《水质 采样技术指导》（HJ 494—2009）

《生活饮用水卫生规范》（GB/T 5750—2001）

《环境空气质量手工监测技术规范》（HJ/T 194—2005）

《苏玛罐气相色谱质谱法测定空气中挥发性有机物》（EPA TO—15）

《水和废水监测分析办法》（第四版增补版）

3. 监测程序

3.1 水质异味调查的启动

常规水质监测中一般不需要开展水质异味监测工作，但在以下几种情况下可以启动异味监测调查程序。

3.1.1 水体的水质日常嗅辨

在饮用水源地地表水系中，沿岸的自来水公司及部分环境监测部门会对地表水进行水质嗅味监测。当出现持续的水质异味时，需要及时启动异味监测调查程序。

3.1.2　居民投诉

当出现大面积的居民投诉时，需要及时启动调查监测程序。但在启动之后，监测调查优先顺序应为自来水管网异味监测调查、水处理工艺监测调查、地表水异味监测调查。

3.1.3　水污染事故

水污染事故易引起饮用水水质和安全问题，包括区域水环境内发生化工企业偷排、暗排污染物行为，有毒有害物质的泄露，交通运输事故导致的水污染等。在发生该类事故时，如污染物会导致水体产生异味，应启动水质异味监测调查工作。

3.2　水质异味监测调查工作的开展

异味调查监测工作的开展包括以下方面。

3.2.1　现场调查

监测前，通过咨询、调研和现场调查等方式进行必要的资料收集，包括流域的自然环境状况、水文地质、异味发生区域及邻近区域相关污染源情况、环境污染历史、可能的污染因子等信息，为后期监测调查确定调查因子提供参照依据。

3.2.2　仪器准备

按照需求准备相关仪器，确保运行良好，满足监测要求。

3.2.3　安全准备

监测活动应该注意人员安全防护，避免意外事故发生。

3.2.4　监测方案

监测方案包括项目概况，监测目的，监测对象、监测点位，监测频次及监测时间，监测人员安排、联系方式、采样方法和分析测定方法，质量保证措施，报告编制要求等。

编制方案应说明引起环境污染的主要环境要素、污染区域范围及所属环境功能区等。描述污染区域及邻近区域的地形地貌情况。

说明现场采样计划，包括核查已有信息、判断潜在污染情况、制定采样方案（包括采样目的、采样布点、采样方法、样品保存与流转、样品分析等）、确定质量标准与质量控制程序等。

监测要素和监测项目确定的原则：根据委托方的要求，以及国家或地方环境质量标准和污染物排放标准的有关要求，结合环境污染的实际情况，确定相应的监测要素和监测项目。对于没有现行国家标准或相关参考标准的监测项目，参照相关技术规范，提供具有类似背景地区的污染物基线监测结果。而对于在环境初步调查阶段可明确排除的环境要素和污染项目，可不予监测。对于需要进行危险废物鉴别的项目需要在方案中明确鉴别样品数量、鉴别因子及判别依据。

确定适用的监测技术规范，明确执行的法律、法规、环境质量标准和污染物排放标准等环境保护规范性文件要求，不得采用非标准监测方法，如必须采用非标准方法用于特定项目以满足评估过程中的证据链的完整性，应详细说明使用理由、拟达到的目的等。

监测进度安排。

3.2.5 现场监测

3.2.5.1 现场监控

监控采样点位周围环境概况，详细记录现场监控结果。

3.2.5.2 现场测量

实际测量气象、水文、工况等参数，在采样记录中填写测量结果。

3.2.5.3 现场采样

现场监控和现场测量完成后，进行现场采样。

3.2.5.4 样品的保存及运输

样品应密封避光保存运输，尽快进行样品处理及分析测定。

3.2.6 实验室分析

样品交接后，经过制备、提取、净化、浓缩和仪器检测，完成实验室分析。

3.2.7 报告编制

4. 异味物质监测的布点与采样

4.1 地表水监测点位布设

河流、湖泊和水库异味物质的采样点位参照 HJ/T 91 中 3.3.1.1 和 HJ 494 中 3.4 相关要求布设。

根据监测水体的不同，具体布点如下。

（1）河流：一般采用断面布设法。污染源对水体水质影响较大的河段，采样断面至少设置对照、控制、削减三个断面，污染源对水体水质影响较小的河段，布置一个控制断面。如牵涉到河网密布或支流较多的流域，应适当增加控制断面数量。

① 对照断面——布设在河流进入城市或者工业排污区（口）之前，或河流上游未受当地污染区影响的地方。

② 控制断面——布设在排污区（口）下游能反映本污染区污染状况的地方；或布设在河流主流、河口、重要支流汇入口，主要用水区，主要居民区和工业区的上游和下游，根据河流（或河段）被污染的具体情况可设置一个或数个控制断面。

③ 削减断面——布设在控制断面下游污染物得到稀释的地区；或布设在河流下游出口前 1000m 附近区域。

A. 每一断面的采样点数视河流宽度而定，河面宽度 100m 以上时，可于左、中、右各布设一个采样点；左右两点应设在有明显水流处；河宽 50～100m，在河流左右两边距岸约 5m 有代表性的位置布设 2 个采样点；河宽 50m 以下，只在河流中心设置 1 个采样点。如一边有污染带，增设一个采样点。

B. 为追溯污染源，如河段有支流汇入时，可在支流入河口前 10～20m 处布点；如河段有多个排污口汇入时，应在排污口附近增设采样点。

C. 城市集中供水点处至少应设一个采样点；具有营养特征的河段、河口或沿海水域的重要出口和入口应增设若干采样点。

（2）湖泊、水库，一般应在下列水域设置断面和采样点。

① 湖泊、水库的主要出入口，采样点的布设与（1）③A项相同。

② 湖泊、水库的中心区，沿水流方向及滞流区的各断面，布设 1～2 个采样点，并适当均匀分布。

③ 沿湖、水库四周有较大排污口区，应在该区附近设置控制断面或采样点。

④ 在湖库取水口附近设置采样点。

⑤ 湖泊、水库相对清洁区。

（3）水厂出水及自来水采样点位。在水厂出水管道及末梢自来水水龙头设置采样点。

4.2　地表水水体逸出气体取样点布设

为更进一步调查水体异味物质类别，在水厂取水口地表水断面水面上约 10～30cm 处设置采样点，采集水面的环境空气。

4.3 河流沉积物（底质）样品采集点位布设

原则上在地表水采样点位的垂直下方设置一个沉积物取样点，以判别异味来源是否来自于沉积物的缓慢释放。

4.4 异味物质水质监测的采样

4.4.1 确定采样频次的原则

依据异味影响的范围、水文要素和污染源分布、污染物排放等实际情况，力求以最低的采样频次，缺的最有代表性的样品。

4.4.2 采样频次与采样时间

根据前期监测方案，原则上在不同监控地点采集一个频次的地表水样品作为异味物质监测调查对象，如情况较为复杂，可以适当增加采样频次。地表水水体逸出气体样品采集时间不低于 8 小时。

4.4.3 样品采集

地表水及样品采集器材及采样方法参照《地表水和污水监测技术规范》（HJ/T 91—2002）执行。水厂出水及末梢自来水样品采集参照《生活饮用水卫生规范》（GB/T 5750—2001）执行。地表水水体逸出气体样品采集参照《环境空气质量手工监测技术规范》（HJ/T 194—2005）和美国《苏玛罐气相色谱质谱法测定空气中挥发性有机物》（EPA TO—15）方法执行。底质样品采集参照《地表水和污水监测技术规范》（HJ/T 91—2002）执行。

4.4.4 样品保存及运输

包括水文参数等需要现场测定的项目需要在现场进行测定。带回实验室分析的样品需要冷藏运输，并防止交叉污染。

4.4.5 水质采样的质量保证

采样的质量保证工作参照 HJ/T 91—2002 执行。

4.5 监测项目

4.5.1 监测项目

4.5.1.1 常规监测项目：嗅和味、水温、pH 值、溶解氧、高锰酸盐指数、化学需氧量、BOD_5、氨氮、总氮、总磷等常规指标。

4.5.1.2 生物性致味物质：2-甲氧基-3-异丙基吡啶（IPMP），2-甲氧基-3-异丁基吡嗪（IBMP），2-甲基异茨醇（2-MIB），2,4,6,-三氯苯甲醚（2,4,6-TCA）和土臭素（Geosmin）等物质。

4.5.2 其他致味物质

对于常规监测项目未要求控制的异味污染物，根据当地的环境污染状况或前期调查目标物情况，以及使用其他仪器定性分析的结果，确定监测对象，主要包括挥发性和半挥发性有机污染物。

4.5.3　地表水水体逸出气体

参照美国《苏玛罐气相色谱质谱法测定空气中挥发性有机物》（EPA TO—15）测定目标物。

4.5.4　沉积物监测项目

有机质，其他监测项目同4.5.2。

4.6　采样记录

采样时，应记录样品编号、采样断面、水深、性状特征、采样日期和采样人员等。

5. 样品分析

5.1　分析方法的选择优先原则

5.1.1　优先选用国家标准分析方法，统一分析方法或行业标准方法。

5.1.2　选择 ISO、美国 EPA 和日本 JIS 方法体系中等效分析方法。

5.1.3　附录方法。常规污染物及特征异味物质分析方法见表1。

表 1　常规污染物及特征异味物质分析方法

序号	介质	监测项目	分析方法	备注
1	水质	水温	温度计法	GB 13195—1991
2		嗅和味	文字描述法	本书推荐方法
3		pH	玻璃电极法	GB 6920—1986
4		溶解氧	1. 碘量法 2. 电化学探头法	GB 7489—1987 GB 11913—1989
5		高锰酸盐指数	高锰酸盐指数法	GB 11892—1989
6		化学需氧量	重铬酸钾法	GB 11914—1989
7		BOD$_5$	稀释与接种法	GB 7488—1987
8		氨氮	纳氏试剂光度法	GB 7497—1987
9		总氮	碱性过硫酸钾消解-紫外分光光度法	GB 11894—1989
10		总磷	钼酸铵分光光度法	GB 11893—1989
11		生物性致味物质	固相微萃取气相色谱质谱法	本书推荐方法
12		挥发性有机物	水质挥发性有机物的测定吹扫捕集气相色谱法	HJ 686—2014 及本书推荐方法
13		半挥发性有机物	半挥发性有机物的测定气相色谱谱法	EPA 8270d—2010 及本书推荐方法
14		异味物质鉴别	气相色谱质谱-人工嗅辨同步法	本书推荐方法

续表

序号	介质	监测项目	分析方法	备注
15	环境空气	挥发性有机物	苏玛罐气相色谱质谱法测定空气中挥发性有机物	EPA TO—15 及本书推荐方法
16	底质	挥发性有机物	土壤和沉积物 挥发性有机物的测定 吹扫捕集气相色谱-质谱法	HJ 605—2011
17		半挥发性有机物	半挥发性有机物的测定 气相色谱质谱法	EPA 8270d—2010

5.2 样品前处理

5.2.1 水质中挥发性有机物采用大体积吹扫捕集进行样品前处理,取样量 25mL。

5.2.2 地表水表面环境空气中挥发性有机物采用苏玛罐预浓缩前处理技术,取样量 100mL。

5.2.3 地表水中半挥发性异味有机物质前处理。可以采用不同极性的固相萃取、固相微萃取、大体积搅拌棒吸附萃取和液液萃取等前处理技术对地表水中异味有机物进行预富集。

5.2.4 底质样品前处理。底质样品中挥发性有机物前处理采用吹扫捕集、顶空萃取等技术进行目标物富集。半挥发性有机物可以采用索氏提取、加速溶剂萃取等手段进行样品前处理。

5.3 仪器分析

5.3.1 常规污染根据其方法要求采用紫外吸收光谱、分光光度计等进行样品分析。

5.3.2 挥发性有机物采用气相色谱质谱联用技术进行样品分析。一般采用全扫描技术对特征目标物进行定量分析,其他定性物质以甲苯为内标进行半定量。

5.3.3 半挥发性有机物采用气相色谱质谱仪、液相色谱质谱仪、气相色谱仪、液相色谱仪等联用技术进行目标物定性定量分析。特殊目标物可以使用其他大型仪器进行结构鉴定。

5.3.4 异味有机物质鉴别。为查找地表水异味来源,需要对地表水中特征有机物进行目标物富集、仪器分离、结构鉴定,并同步进行人工嗅辨,以准确判断哪种物质或哪一类物质是地表水异味主要致味源。可以采用动态嗅辨仪与气相色谱-质谱或其他能进行结构解析的设备联用对地表水、饮用水或废水中有机物进行同步嗅辨和物质定性分析。附件1列出了某流域典型异味有机物质清单。

6. 报告编制

地表水异味有机物监测调查报告应至少包括以下内容：项目的介绍、调查监测目的、污染可能来源及污染因子分析，参照依据、评价标准、监测内容、频次、采样点位、监测方法、监测结果及评价、质量控制措施、结论等内容。